牛津趣味阶梯数学

[英] 布莱恩·默里 / 著　　拾伍素养 / 译

海豚出版社
DOLPHIN BOOKS
CICG 中国国际传播集团

图书在版编目（CIP）数据

牛津趣味阶梯数学. 6 / (英) 布莱恩•默里著 ; 拾伍素养译. -- 北京 : 海豚出版社, 2023.4 (2023.6重印)
ISBN 978-7-5110-6298-7

Ⅰ. ①牛… Ⅱ. ①布… ②拾… Ⅲ. ①数学－儿童读物 Ⅳ. ①01-49

中国国家版本馆CIP数据核字(2023)第032486号

著作权合同登记号: 图字01-2022-4720

Oxford Mathematics Primay Years Programme 6
Originally published in Australia by Oxford University Press, Level 8, 737 Bourke Street, Docklands, Victoria 3008, Australia
This adaption edition is published by arrangement with Dolphin Media Co.,Ltd for distribution in the mainland of China only and not for export therefrom

牛津趣味阶梯数学 6

[英] 布莱恩 · 默里 / 著　拾伍素养 / 译

出 版 人：王　磊
责任编辑：张国良　白　云
特约编辑：方云宝　马瑞芬
封面设计：钮　灵
版式设计：雷俊文
责任印制：于浩杰　蔡　丽
法律顾问：中咨律师事务所 殷斌律师

出　　版：海豚出版社
地　　址：北京市西城区百万庄大街24号
邮　　编：100037
电　　话：027-87396822（销售）　010-68996147（总编室）
传　　真：010-68996147
印　　刷：深圳市福圣印刷有限公司
经　　销：全国新华书店及各大网络书店
开　　本：16开（889mm × 1194mm）
印　　张：10.25
字　　数：128千
印　　数：12301-17300
版　　次：2023年4月第1版　2023年6月第2次印刷
标准书号：ISBN 978-7-5110-6298-7
定　　价：55.00元

致家长

“牛津趣味阶梯数学”系列共7册，是一套适合幼小衔接、小学1~6年级孩子的数学学习材料。这套全面、科学、有趣的数学书，以国际数学体系为标，先进思维提升方法为本，助力孩子成为数学真“学霸”。

《牛津趣味阶梯数学K》是专为幼小衔接阶段的孩子设计的。本书结合该年龄段孩子的认知水平和认知能力，通过趣味性数学问题，引导孩子认识数字、序数、基本图形、简单方位、测量单位等，带领孩子实现从具象思维到抽象思维的过渡，引导孩子关注生活中的数学现象，初步感知数学的魅力。

《牛津趣味阶梯数学1》至《牛津趣味阶梯数学6》是专为小学1~6年级孩子设计的。内容全面，涵盖数与代数、图形与几何、统计与概率等基础知识；设置生活中常见的数学问题，引发孩子积极探索，主动思考；通过层层递进的环节设置，引导孩子走进真实的数学世界，让孩子了解更多数学知识，并能运用数学知识应对生活中的数学问题。

这套书的原版来自牛津大学出版社，所以在组稿的过程中，会面临一些内容不符国情的问题，秉持着严谨治学的态度，我们认真对比国内小学数学教材，对其进行了一些本土化的工作，以便它更易于中国的孩子使用。与此同时，我们也贯彻开放兼容的思想，保留了一些能开拓我们孩子思维，有借鉴意义的内容，供孩子们选择性使用。

总的来说，本套书以培养孩子的数学能力为目的，体系清晰、内容全面，并易于使用。共包含三大数学模块、十大关键主题、二百余知识点，涵盖小学阶段数学学习的大部分内容。在每一个小节会提供“教、学、练、用”环节：

- 讲解教学——例题讲解，为孩子精准解析知识要点；
- 趣味学习——循序渐进，帮孩子有序厘清解题思路；
- 独立练习——即学即用，让孩子独立应对数学问题；
- 拓展运用——举一反三，助孩子灵活运用所学知识。

译者序

这是一套能帮助孩子自主学好数学的工具书。

为什么要学数学？因为数学是一门教会人思考的学科。大家都知道学好数学很重要，可是很多家长以为，想学好数学就要“刷题”。他们似乎觉得，只要让孩子投入无边无际的题海中，总有一天，孩子就可以从深海中扑腾扑腾地游上岸。

这是不对的。

科学的数学学习方法，应该能让孩子学会深入思考，从而不断提升其逻辑思维能力、理解能力以及解决问题的能力。

很多练习册让孩子在“刷题”中“学会”了某个知识点，但充其量他们只是机械地“会了”。真正的学会应该是完成分析、理解、内化和建构整个过程。“牛津趣味阶梯数学”的知识体系为孩子们提供的正是这个过程。很幸运，我们能接触并翻译这套与众不同的数学学习材料。

加减乘除的运算，是每套数学材料都会讲到的知识点。这套书中当然也有，它讲到了这些方法：凑整十数法、拆分法、补偿法、数轴法、相同数法、点阵图法、估算法……可能有人会疑惑，直接用竖式计算加减乘除多简单，为什么要用这么多方法来讲解？因为数学的本质是要引导孩子从不同维度来思考问题。以“拆分法”为例，斯坦福大学教授乔·博勒之说过，拆数字是他迄今为止所知道的，教授孩子们数感和数学常识的最好的方法。什么是拆数字？怎么拆数字？举个例子，计算70−32没有计算70−30容易，那么就可以把70−32看作70−30−2，这是拆数字。24×15可以进行拆分，变成24×(10+5)=24×10+24×5，这也是拆数字。这样的练习过程就是带着孩子在拆解数字的过程中提升数感，实现其从具象思维向抽象思维的转变。

数学思维进阶还有一个重要的环节，就是从常数思维跨越到变量思维。在面对大量的数据时，会运用变量思维解决数学问题是很重要的能力。这套书贯彻的方法是，先观察积累，再梳理思考过程，最后才解决问题。这套书中强调的占比问题、比例和比率、数据分析整理，都是在帮助孩子逐步掌握灵活的变量思维。

好的数学学习材料，不应该只是题量的堆砌，而应该是在螺旋式上升的知识体系中，通过“教、学、练、用”的学习环节，提升孩子的学习能力。这套书，做到了！

拾伍素养

牛津趣味阶梯数学 6

目　录

数、规律和作用

度量、形状和空间

数据处理

第1单元 数和位值

1.1 位 值

处理非常大的数

从右边起，每四个数位是一级。有时，为了读数方便，可以先将大数用虚线或逗号分级。例如，将837452691书写成8 3745 2691后更容易读出，这个数读作八亿三千七百四十五万二千六百九十一。

趣味学习

1 在数位表上写出每个数字的含义。

536 7918

百万位	十万位	万位	千位	百位	十位	个位	写数，并且在合适的位置分级
5	0	0	0	0	0	0	500 0000

2 九十个万，五个千，四个百，七个十，六个一；

写作：90 5476；

万位上一个单位也没有，就在那个数位上写0。

哪个数位上一个单位也没有，就写0占位。

a　五个万，一个千，六个百，四个一　________

b　二十个万，两个十，六个一　________

c　十个万，两个千，十个一　________

独立练习

1 红色数字表示的含义是什么?

a 46 3290 ______

b 632 9477 ______

c 240 6219 ______

d 5138 5067 ______

e 8048 7003 ______

f 3 5100 0819 ______

2 读出以上各数。

a ______

b ______

c ______

d ______

e ______

f ______

3 写出下面各数。

a 八个千万, 四十八万, 七个千

______

b 一个千万, 三十六个万, 两个千, 五十九个一

______

c 一个亿, 一个千万, 四百七十六个万, 两百零九个一

______

d 十四个亿, 五十九个万, 三个千, 一个一

______

4 参照例子，拆分下列数。

a　37 4596　　30 0000 + 7 0000 + 4000 + 500 + 90 + 6

b　21 4867　　20 0000 + ______

c　256 7321　　______

d　567 3207　　______

e　5731 9240　　______

f　4 0750 8004　　______

5 看数字卡片，回答问题（每个数字只能用一次）。

7　3　4　5　9　1　2

a　组成最大的数是多少?

______

b　5在百万位上，组成最小的数是多少?

______

c　7表示7个一，组成最大的数是多少?

______

d　1在万位上，组成最小的七位数是多少?

______

6 观察下面的计数架，写出每个数的写法和读法。

a

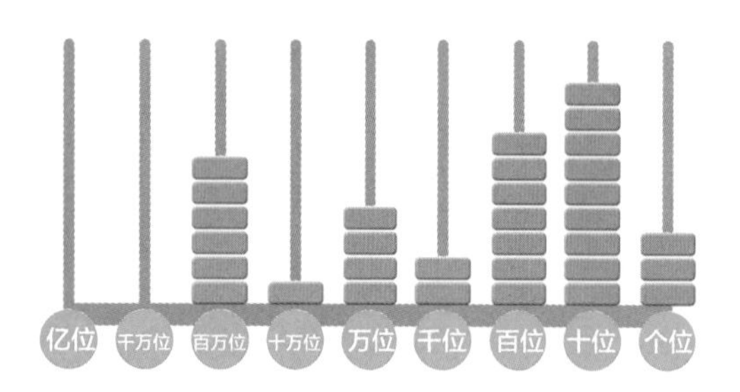

写作: ______

读作: ______

______

b

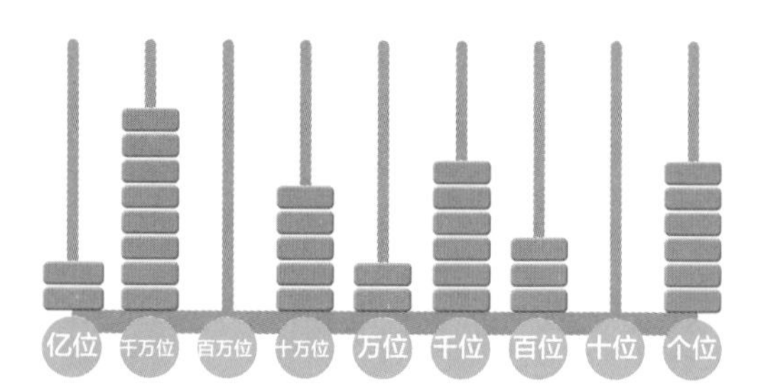

写作: ______

读作: ______

______

拓展运用

1 左侧是计算器屏幕上显示的数，要把它们变成右侧的数，该如何操作？

a　2 4550 ________ = 2 4650

b　3 7154 ________ = 7 7154

c　73 9255 ________ = 71 9255

d　99 9999 ________ = 100 0000

---

2 大数有时会被缩写，比如，1K元表示1000元，1.3M元表示130 0000元。请用完整的数字形式表示下列信息中的新价格。

a　345K元降价5000元 ________

b　725K元降价2 0000 元 ________

c　875K元降价50K 元 ________

d　1.5M元降价250K元 ________

---

3 请在下面每个数中选一个数字，并且写出：

（1）你选了哪个数字；

（2）你选择的这个数字表示什么；

（3）你选择这个数字的原因。

a　每股价值57 4612元。________

____

b　把乘法口诀表写57 4612遍。________

____

c　在十分钟内吃57 4612种你喜欢的零食。________

____

1.2 平方数和三角数

古希腊毕达哥拉斯学派非常注意形与数的关系。他们用点排成三角形、正方形、五边形……每个图形的点数分别称为三角形数（或三角数①）、正方形数（或平方数）、五边形数（或五角数②）……

4是平方数。

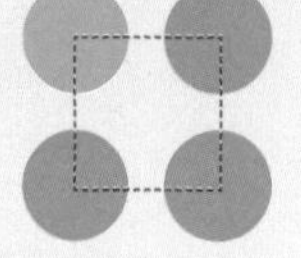

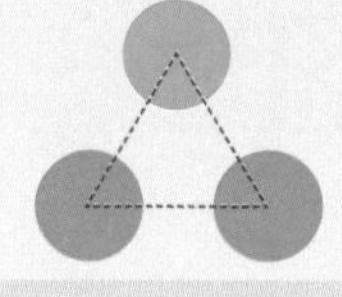

3是三角数。

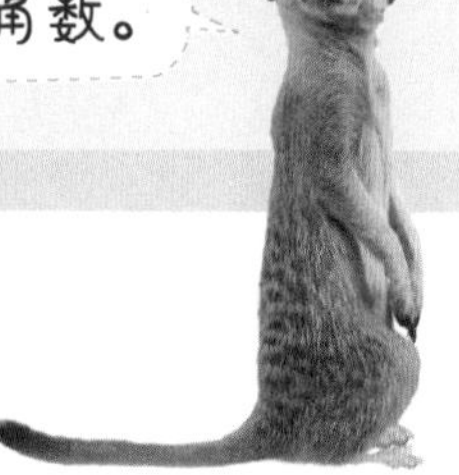

趣味学习

1 下面是前六个平方数，根据所给的例子按照要求填空。

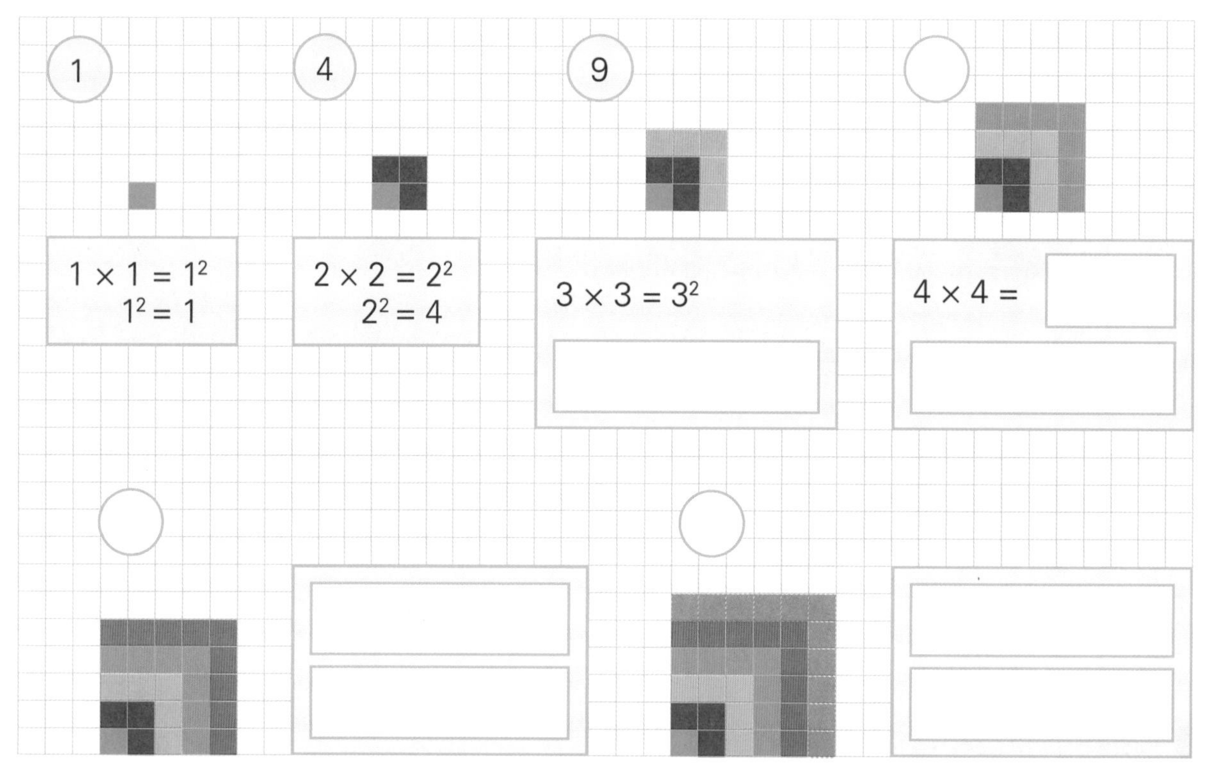

2 下面是前四个三角数，按照要求填空。

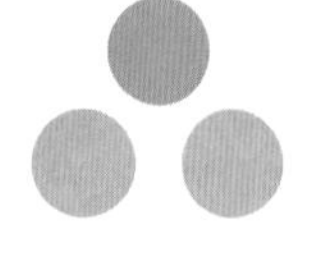

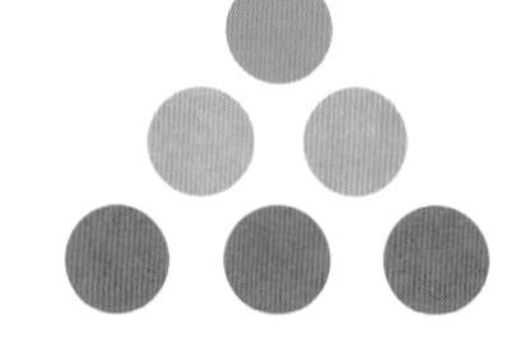

1　3

1　　1 + 2 = 3　　1 + 2 + 3 =

①② 国内小学数学教材暂未涉及此概念，此处仅供读者选择性学习。

独立练习

1 将前十个平方数的示意图补全，并填空。

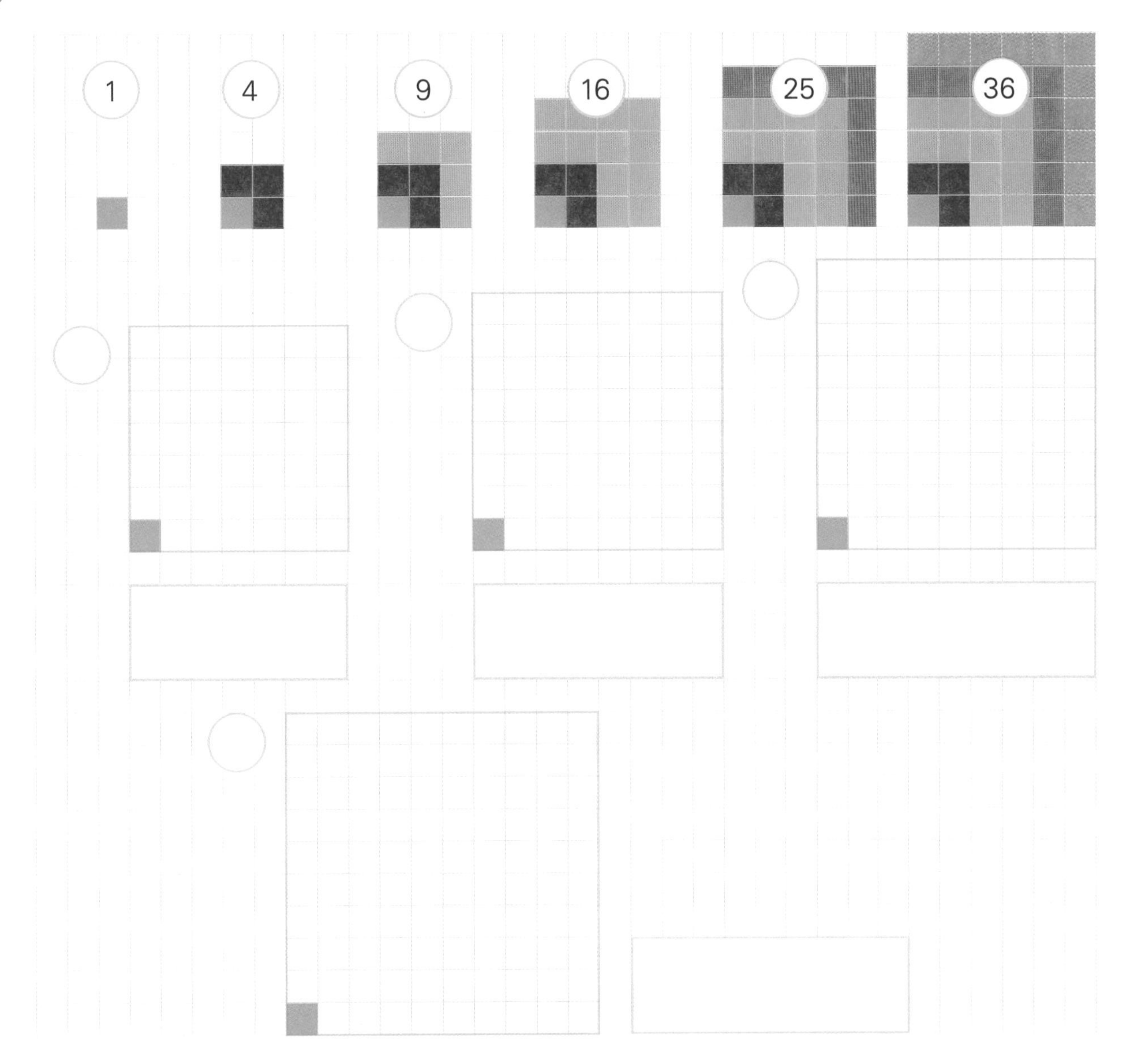

2

a 结合第1题，第11个平方数是多少？

b 平方数的个位数字有什么规律？

c 第100个平方数是多少？ 圈出正确的答案。

100　　10000

1000　　100000

3 将前十个三角数的示意图补全，并填空。

1　　3　　6　　10

1	1 + 2 = 3	1 + 2 + 3 = 6	1 + 2 + 3 + 4 = 10

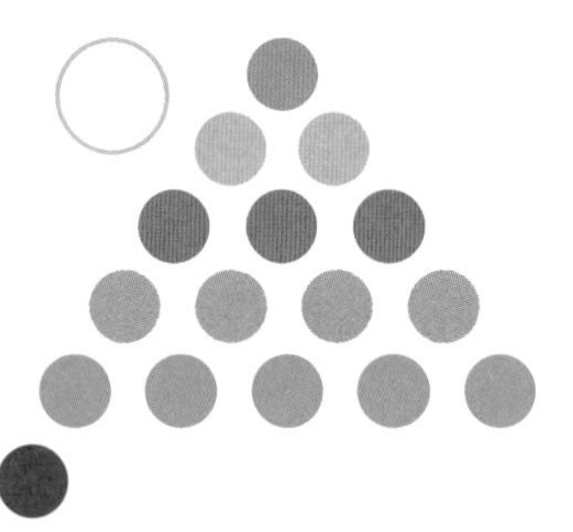

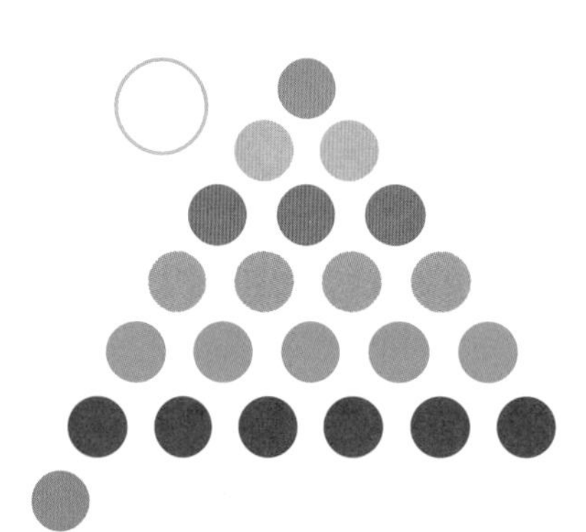

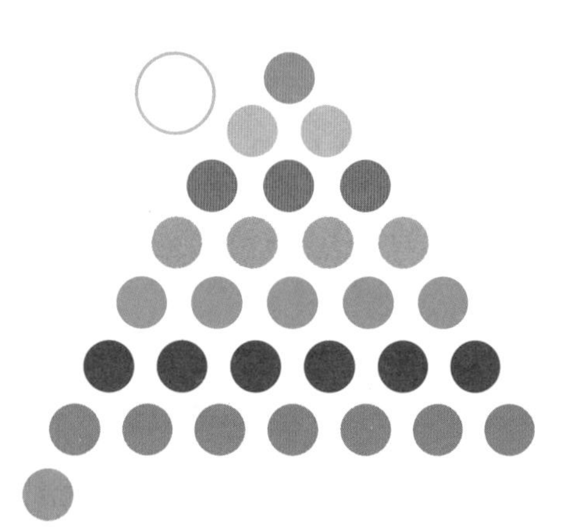

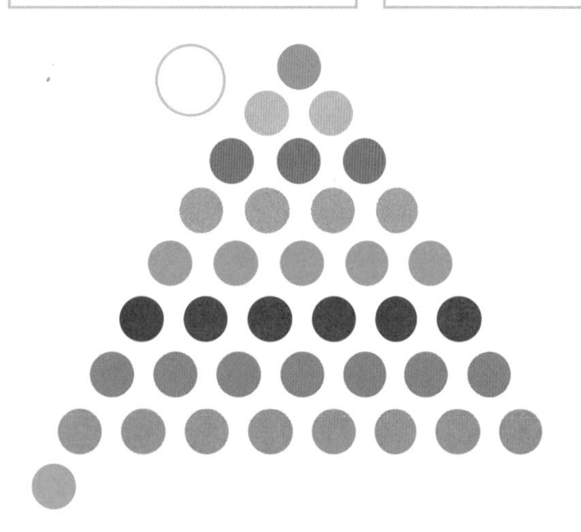

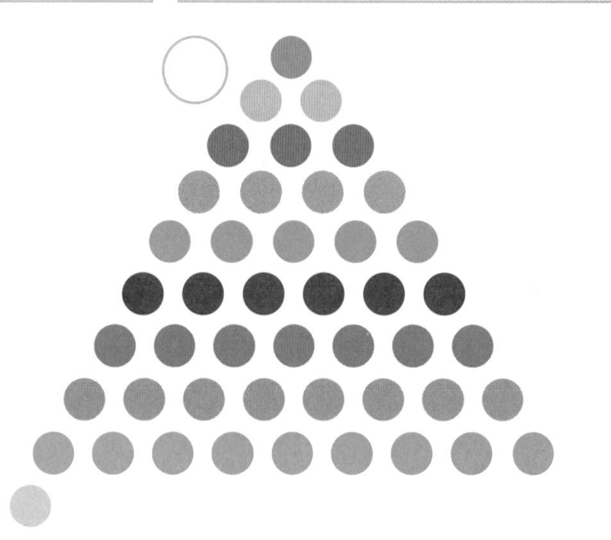

4

a　结合上一题，第11个三角数是多少？ ____________

b　以上三角数中，除了1，哪个三角数也是平方数？ ____________

c　三角数的变化规律是什么？（提示：考虑奇偶数。）

____

拓展运用

1 完成下列表格。

平方数	乘法算式	加法算式
$1^2 = 1$	$1 \times 1 = 1$	1
$2^2 = 4$	$2 \times 2 = 4$	$1 + 3 = 4$
$3^2 = 9$	$3 \times 3 = 9$	$1 + 3 + 5 = 9$
$4^2 =$		
$5^2 =$		
$6^2 =$		
$7^2 =$		
$8^2 =$		
$9^2 =$		
$10^2 =$		

2

a 上题中的加法算式有什么变化规律?

b 写出第11个平方数相关的乘法算式和加法算式。

c 第11个平方数要加多少才能得到第12个平方数?

3 以下图形表示了前几个五角数。

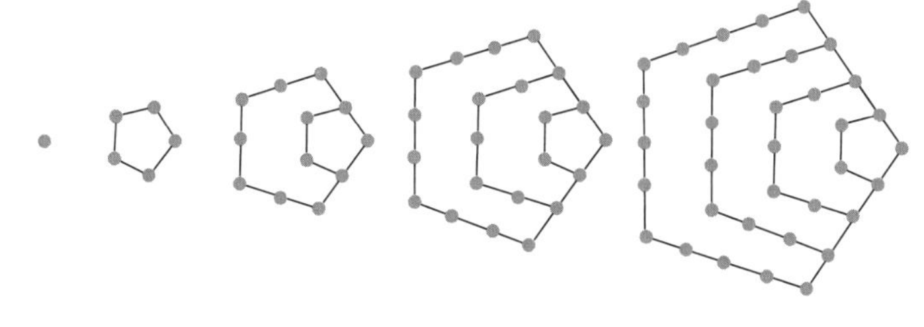

a 右边这些数中有一个不是五角数，请问是哪个?

5, 12, 15, 22, 35	

b 写出前五个五角数。

c 请说明相邻两个五角数的关系。

d 请接着画出第六个五角数的图形。

1.3 质数与合数

我们如何判断一个数是否为质数?

一个自然数（不考虑0）如果只有1和它本身两个因数，那么这个数就是质数。2是最小的质数。一个数，除了1和它本身还有别的因数，这样的数叫合数。

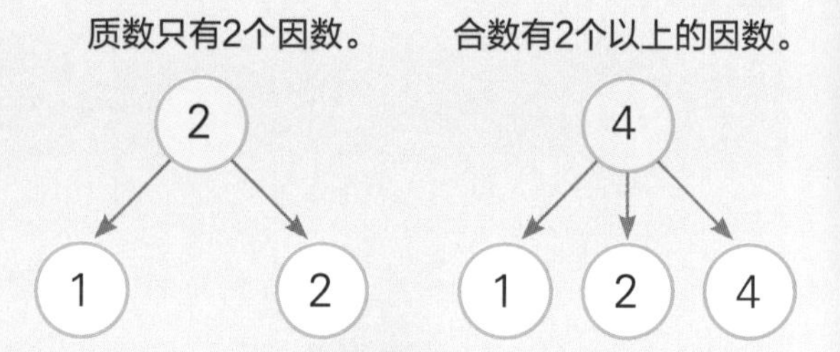

趣味学习

1只有一个因数，所以它既不是质数也不是合数。

1 完成表格。

数	因数（能整除它的数）	因数个数	质数还是合数	
			质数	合数
1	1	1	都不是	
2	1和 2	2	✓	
3				
4				
5				
6				
7				
8				
9				
10				
11				
12				
13				
14				
15				
16				
17				
18				
19				
20				

2 a 写出2~20的质数。____________________

b 写一个是偶数的质数。____________________

独立练习

1 根据例子，完成表格。

1	2	3	4	5	6	7	8	9	10
11	12	13	14	15	16	17	18	19	20
21	22	23	24	25	26	27	28	29	30
31	32	33	34	35	36	37	38	39	40
41	42	43	44	45	46	47	48	49	50
51	52	53	54	55	56	57	58	59	60
61	62	63	64	65	66	67	68	69	70
71	72	73	74	75	76	77	78	79	80
81	82	83	84	85	86	87	88	89	90
91	92	93	94	95	96	97	98	99	100

a　1既不是质数也不是合数，用五角星标出来 。

b　2是一个质数，圈出来。

c　将所有2的倍数（不包括2）涂上阴影，它们都是合数。

d　圈出下一个质数3。

e　将所有3的倍数（不包括3）涂上阴影，它们都是合数。

f　圈出下一个质数5。

g　将所有5的倍数（不包括5）涂上阴影，它们都是合数。

h　圈出下一个质数。

i　将所有这个数的倍数涂上阴影。

j　重复步骤h和步骤i，直到表格被全部标记完毕。

2 a　上表中最大的质数是 ______ 。

b　判断对错：所有的质数都是奇数。 ______

c　判断对错：表中的合数，是偶数的比是奇数的多。 ______

所有的合数都是由质数相乘得到的。6是合数，它由两个质数2和3相乘得到，2和3称为6的质因数，用因数树*这样表示：

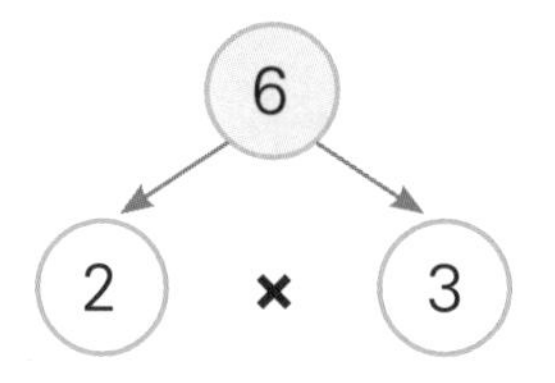

6的质因数是2和3，
所以6=2×3。

两个或两个以
上的质数相乘
可得到合数。

3 参考上文讲解填空。

a

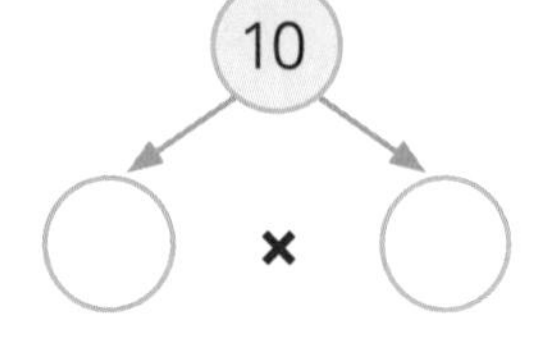

10的质因数是 ______

b

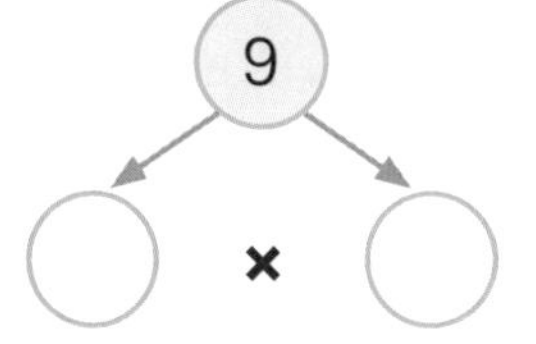

9的质因数是 ______

c

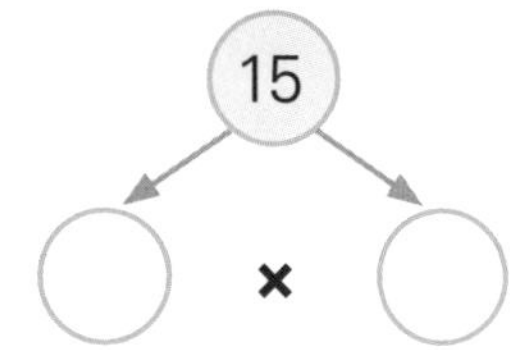

15的质因数是 ______

d

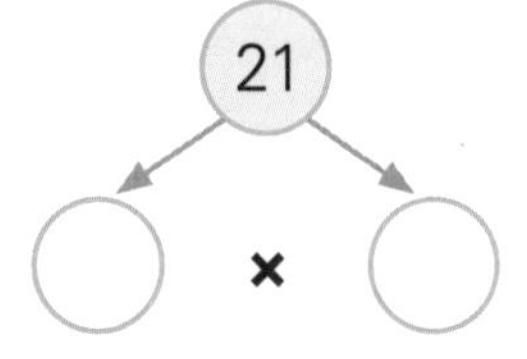

21的质因数是 ______

e

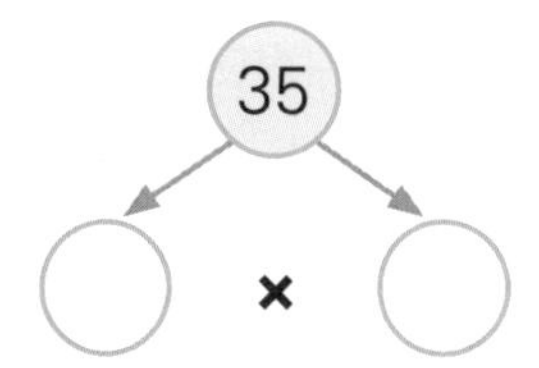

35的质因数是 ______

f

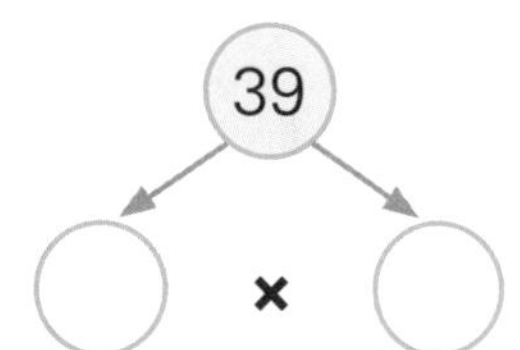

39的质因数是 ______

g

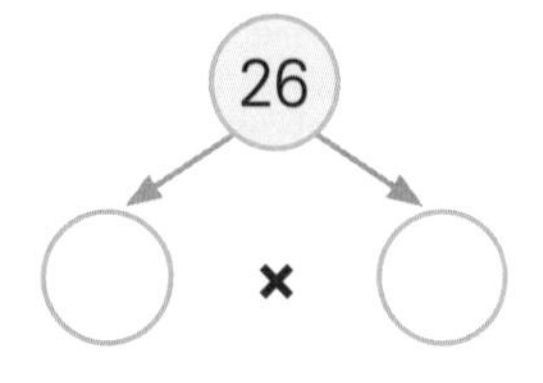

26的质因数是 ______

h

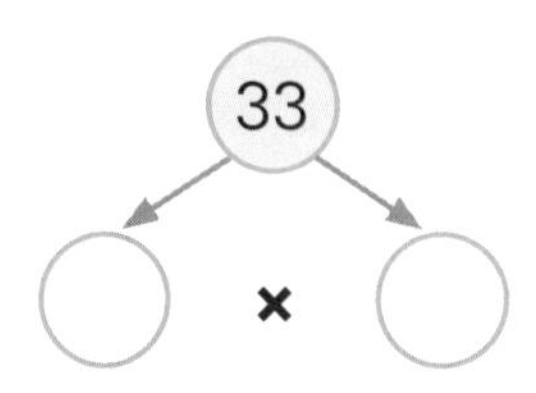

33的质因数是 ______

i

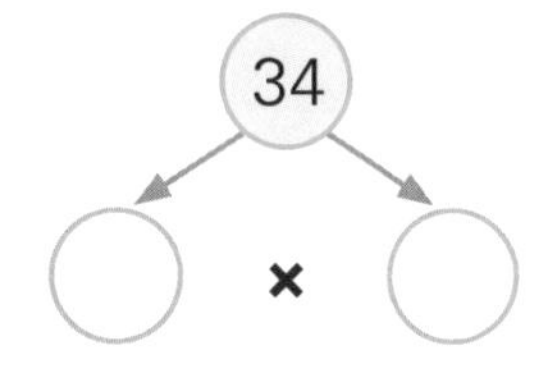

34的质因数是 ______

4 画出因数树。

a 14

b 55

c 49

* 国内小学数学教材利用短除法分解质因数，此处仅供读者选择性学习。

拓展运用

8的质因数是2。8分解质因数后的结果是8=2×2×2，还可以写成$8=2^3$。

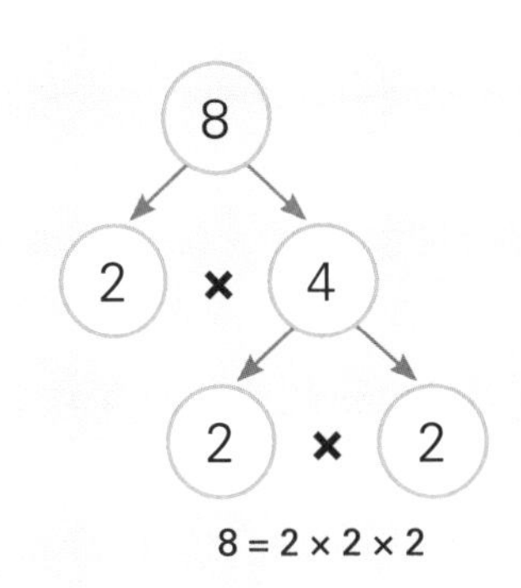

1 填空。

a

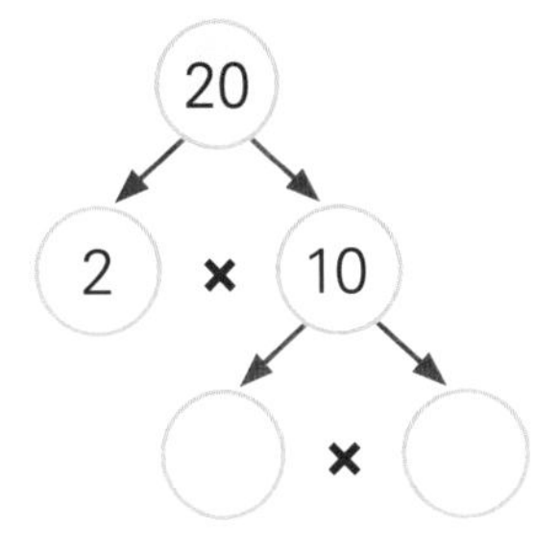

20 = 2 × 2 × ____

20 = 2□ × ____

b

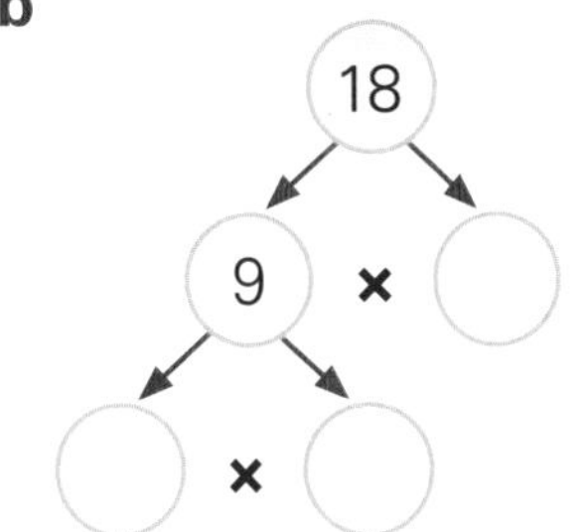

18 = ____ × ____ × ____

18 = ____□ × ____

c

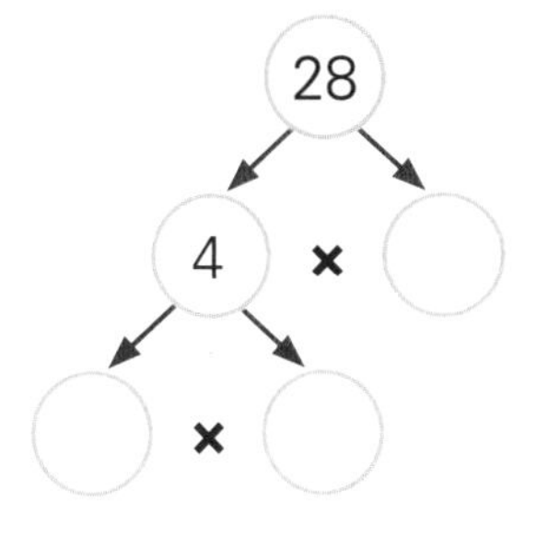

28 = ____ × ____ × ____

28 = ____□ × ____

d

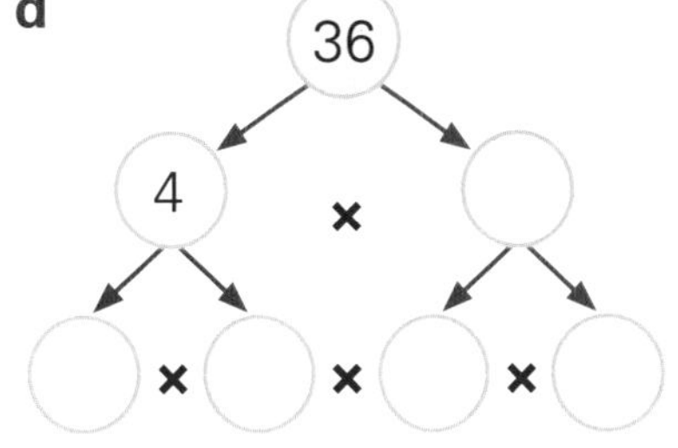

36 = ____ × ____ × ____ × ____

36 = ____□ × ____□

2 画出下面各数的因数树。

a 27

b 30

c 24

1.4 加减法巧算

巧算方法

先把数凑成整十和整百的数，再计算会很容易。例如，计算287−98，可以先计算287 − 100=187，再把多减去的2加上，所以正确的答案就是189。

趣味学习

1 用凑整的方法计算，并填写表格。

	算式	凑整计算	调整	答案
a	317 + 199	317 + 200 = 517	减去 1	516
b	275 − 101	275 − 100 = 175	减去 1	
c	527 + 302	527 + =	加上	
d	377 − 98	377 − =		
e	249 + 249			
f	938 − 206			
g	1464 + 998			

将数按数位拆分，计算会更加简单。
例如，160+830可以拆分成100+60+800+30，
再分组计算，得100+800+60+30=900+90=990。

寻找巧算的方法很有意义。

2 按数位拆分，再填写表格。

	算式	数位拆分	分组	答案
a	370 + 520	300 + 70 + 500 + 20	300 + 500 + 70 + 20	890
b	2200 + 3600	2000 + 200 + 3000 + 600	2000 + 3000 + 200 + 600	
c	342 + 236	300 + 40 + 2 + 200 + 30 + 6		
d	471 + 228			
e	743 + 426			
f	865 + 734			
g	4270 + 3220			

独立练习

1 用数位拆分的方法巧算下面各题，也可以用其他巧算方法。

a　147 + 232 ________

b　184 + 415 ________

c　747 + 551 ________

d　1552 + 732 ________

e　3267 + 642 ________

f　6564 + 4426 ________

2 用凑整的方法巧算下面各题，也可以用其他巧算方法。

a　745 – 299 ________

b　364 + 401 ________

c　276 + 598 ________

d　847 – 302 ________

e　958 – 190 ________

f　902 + 304 ________

3 用巧算方法计算，并说明过程。

a　649 + 249 = ________

____

b　1253 – 199 = ________

____

c　1750 + 1750 = ________

____

d　14578 – 410 = ________

____

4 凑整（凑整估算法）是非常好用的口算方法，我们怎么知道哪些数要凑整？有时特别明显，例如，69可以凑整成70，902可以凑整成900。那么，我们是不是总要把接近整十或整百的数凑整呢？

看看下面这些例子中涉及的数，想想如何进行凑整估算，填写表格。

	真实数据	近似数	精确到哪一位
a	澳大利亚有812972千米的路。		
b	某电力公司有1502000名员工。		
c	墨西哥的足球运动员布兰科在2009年的收入是2943702.00美元。		
d	印第安纳波利斯500辆汽车赛被记录的最快速度是299.3千米/小时。		
e	女子100米短跑世界记录为10.49秒。		
f	某百货公司有2100000名员工。		
g	每个澳大利亚人平均一年吃17600克的冰激凌。		
h	最长的铁路隧道全长57.1千米。		
i	电影《阿凡达》的票房为2783919000.00美元。		
j	外国游客每年在澳大利亚消费2912700000.00美元。		

5 一家电动汽车公司正在做优惠活动，请根据表中信息计算出新的价格。

类型	基本款/元	升级款/元	尊享款/元
原价	23990.00	33629.00	42158.00
优惠	1500.00	2139.00	3199.00
新的价格			

拓展运用

用计算器计算的结果总是正确吗？

答案是肯定的，但前提是正确使用计算器。假如我们用计算器计算249523+248614，答案是298137，正确吗？用凑整的方法很容易估算出答案：250000 + 250000 = 500000。所以答案接近500000，而不是300000。这时，计算器的答案是错误的，可能是因为输入的信息是错误的。

1 填空。

	算式	凑整	估算的答案	圈出正确的答案
	109897 + 50157	110000 + 50000	160000	261054 (161054)
a	5189 − 2995			2194 3194
b	2958 + 6058			9016 8016
c	8215 − 3108			5907 5107
d	15963 + 14387			29350 30350
e	8954 − 3928			5026 4026
f	4568 + 4489			8057 9057
g	13149 − 7908			6241 5241
h	124963 + 98358			223321 213321

2 估算，然后用计算器核对答案。如果答案相差太多，请找出错误的地方。

	算式	凑整	估算的答案	计算器的答案
	6190 + 1880	6000 + 2000	8000	8070
a	4155 + 2896			
b	9124 − 8123			
c	24065 + 5103			
d	19753 − 10338			
e	101582 + 49268			
f	298047 − 198214			
g	1089274 + 1099583			
h	1499836 + 1489967			

1.5 加法笔算

加法笔算时，所有数字都要写在它对应的数位上。加法笔算中的易错点是数位没有对齐。例如，杰克在列竖式计算724加216时，我们很容易看出他哪里出错了。

		7	2	4
+	2	1	6	
	2	8	8	4

		7	2	4
+		2	1_1	6
		9	4	0

如果数位对齐，这个问题就很容易解决了。

趣味学习

注意进位。

列竖式计算。

a 85 + 1149

				8	5
	+	1	1	4	9

b 2029 + 316

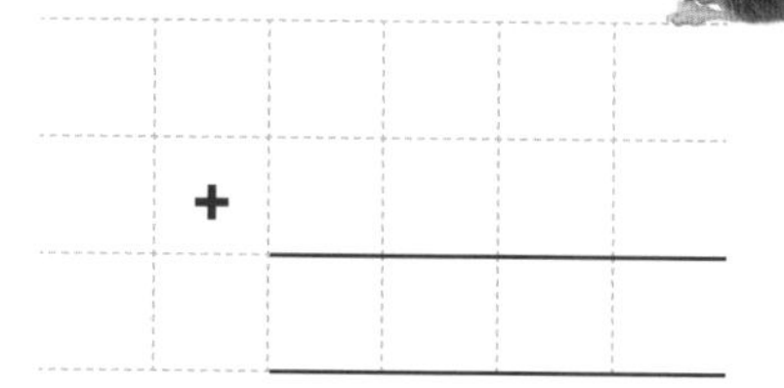

c 2980 + 476

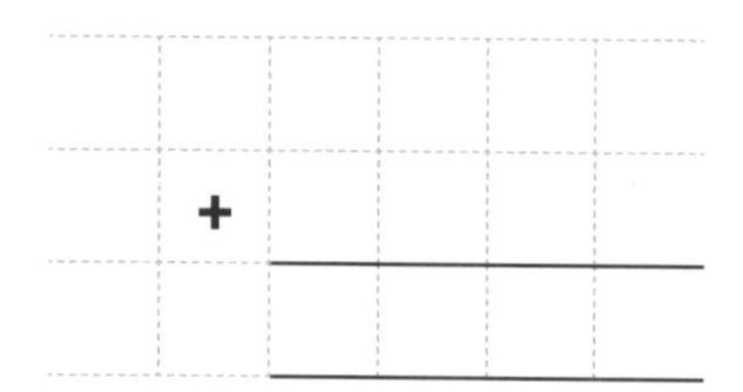

d 857 + 3710

e 873 + 4831 + 85

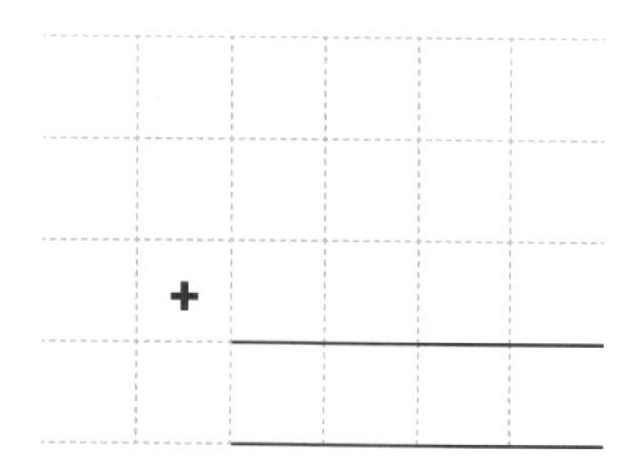

f 4759 + 87 + 832

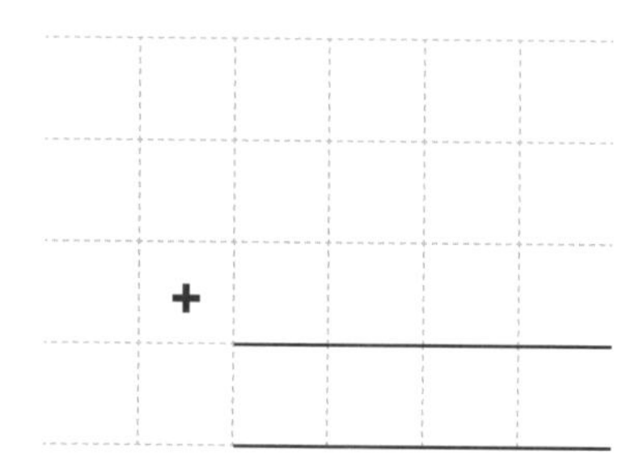

独立练习

1 列竖式计算。

a 548 + 563

b 1325 + 897

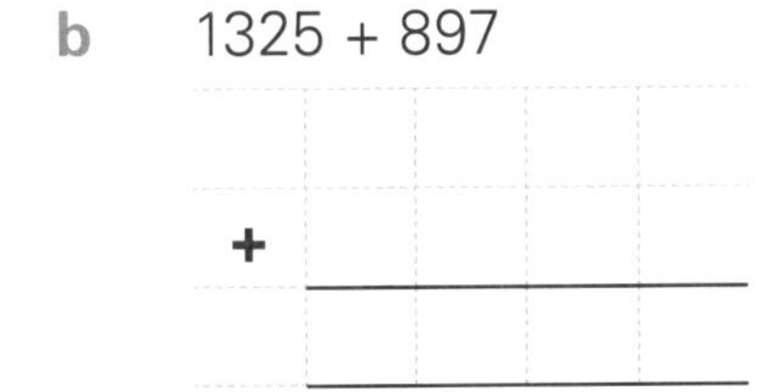

c 1365 + 1968

d 3962 + 482

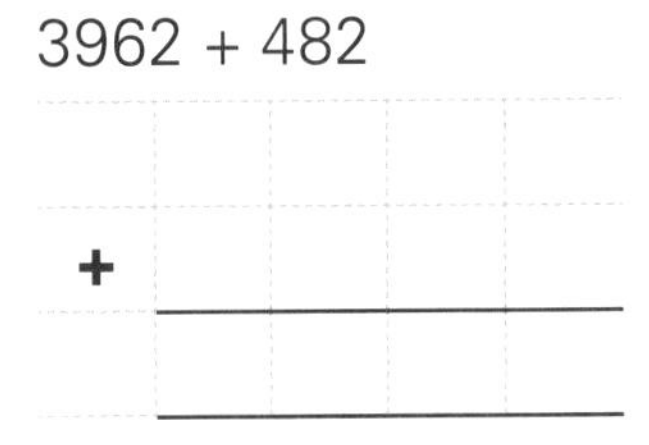

e 3290 + 869 + 1396

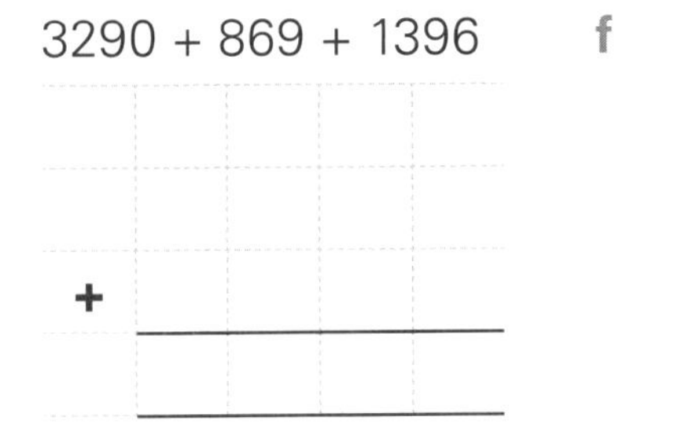

f 4378 + 1967 + 321

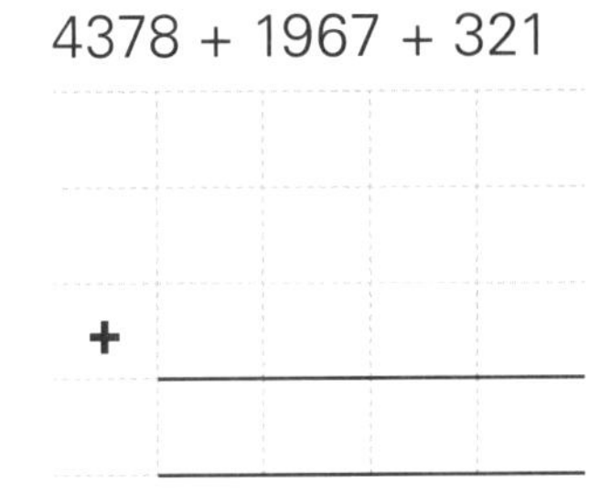

g 458 + 5379 + 1940

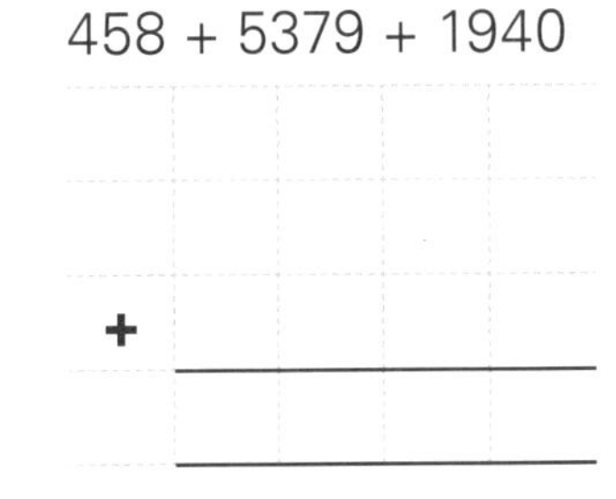

h 49 + 3721 + 578 + 4540

i 7357 + 768 + 64 + 745 + 1065

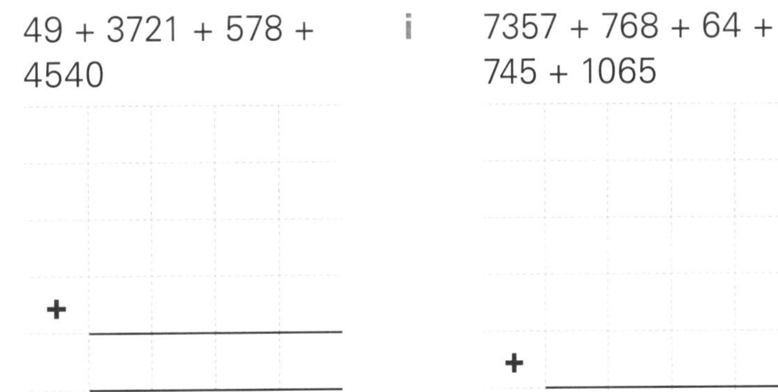

j 5396 + 546 + 54 + 3955 + 49

k 45 + 5348 + 543 + 43 + 345 + 4787

掌握了技巧，就能计算任何加法。

2 写一个加法竖式，使它含有5个加数，且每个加数至少是三位数，并使其计算结果为99999。

3 在有的国家，未铺道路的长度比铺路的还要长。利用下面表格中的数据填表，并回答问题。

a 计算每个国家的道路总长度。

国家	铺路长度/千米	未铺道路长度/千米	道路总长度/千米
A国	4165110	2265256	
B国	1603705	1779639	
C国	951220	0	
D国	925000	258000	
E国	659629	6663	
F国	415600	626700	
G国	336962	473679	
H国	96353	1655515	

b 除了G国，还有哪些国家未铺道路的长度比铺路的道路长？

______

c 哪两个国家铺路的道路总长度是5768815千米？

______

d 哪两个国家未铺道路的总长度最接近100万千米？

______

拓展运用

根据表格完成下列各题。

以下表格显示了几个国家的人口数 。根据表格完成以下各题。

国家	人口数
美国	334282669
印度尼西亚	278374305
巴基斯坦	228318794
尼日利亚	215281234
巴西	214981893
孟加拉国	167455589

注：表中数据为截至2022年9月的统计数据。不同来源的数据可能稍有差异，此处仅供练习计算用。

1. 列竖式计算美国和巴西的人口总数。

2. 列竖式计算巴基斯坦和尼日利亚的人口总数，然后用计算器核对答案。

3. 计算印度尼西亚和孟加拉国的人口总数时，列竖式计算的答案是445829894，计算器计算的结果是445828894。请你检查一下并找到正确答案吧。

1.6 减法笔算

简便运算

为了使3465−1329更容易计算，我们需要简便运算。可以把被减数拆分成3000 + 400 + 60 + 5或3000 + 400 + 50 + 15。

个位不够减时，可以向十位借1当10，十位还剩下5个十。

	千位	百位	十位	个位
	3	4	[5]~~6~~	[1]5
−	1	3	2	9
	2	1	3	6

现在就是10+5=15。

趣味学习

1

a

	百位	十位	个位
	3	[6]~~7~~	[1]1
−	1	4	2

b

	百位	十位	个位
	8	~~5~~	4
−	5	2	8

c

	千位	百位	十位	个位
	4	2	3	6
−	2	0	2	8

d

	千位	百位	十位	个位
	6	2	7	3
−	4	1	5	4

2

a

	百位	十位	个位
	8	3	6
−	2	4	7

b

	百位	十位	个位
	5	3	8
−	3	3	9

c

	千位	百位	十位	个位
	5	6	2	0
−	3	4	7	1

d

	千位	百位	十位	个位
	4	3	8	4
−	2	3	9	9

e

	万位	千位	百位	十位	个位
	5	3	6	1	5
−	4	3	6	2	7

f

	万位	千位	百位	十位	个位
	2	3	5	9	8
−	1	4	6	9	9

独立练习

1 做一做。

a
$$\begin{array}{r} 92545 \\ -\ 38224 \\ \hline \end{array}$$

b
$$\begin{array}{r} 84047 \\ -\ 18615 \\ \hline \end{array}$$

c
$$\begin{array}{r} 91360 \\ -\ 14817 \\ \hline \end{array}$$

d
$$\begin{array}{r} 92972 \\ -\ 5318 \\ \hline \end{array}$$

e
$$\begin{array}{r} 99953 \\ -\ 1188 \\ \hline \end{array}$$

f
$$\begin{array}{r} 88225 \\ -\ 31436 \\ \hline \end{array}$$

g
$$\begin{array}{r} 77756 \\ -\ 32078 \\ \hline \end{array}$$

h
$$\begin{array}{r} 46635 \\ -\ 12068 \\ \hline \end{array}$$

i
$$\begin{array}{r} 97746 \\ -\ 74290 \\ \hline \end{array}$$

j
$$\begin{array}{r} 21212 \\ -\ 8867 \\ \hline \end{array}$$

2 请将下面7个数字分别组成最大的数和最小的数（组数时每个数字都要用到且只能使用一次），并计算它们的差。

8 3 7 2 4 5 9

3 连续借位。

个位需要向十位借位，但是十位不够借；

		百位	十位	个位
	3	4	0	⑤
−	1	3	2	9

所以十位可以继续向百位借位。

十位向百位借1个百，百位还剩下3个百；

		百位	十位	个位
	3	~~4~~ 3	10	5
−	1	3	2	9

现在十位有10个十。

个位向十位借1个十，十位还剩下9个十；

		百位	十位	个位
	3	~~4~~ 3	~~10~~ 9	15
−	1	3	2	9
	2	0	7	6

现在个位有15个一。

---

a

	1	2	7	0	4
−		9	4	3	6

b

	2	5	0	1	2
−	1	2	3	9	3

c

	4	0	3	0	4
−	1	7	6	4	8

d

	5	0	4	0	8
−	1	5	8	2	9

e

	5	0	5	2	0	5
−	1	2	9	4	2	8

f

	9	0	3	4	0	5
−	2	2	7	3	3	7

g

	2	0	0	8
−	1	2	5	9

h

	1	6	0	0	2
−	1	2	3	5	3

i

	7	4	0	0	5	8
−	4	2	0	0	0	4

j

	1	0	0	0	0	0
−		3	4	3	7	8

拓展运用

用加法验算减法。

1 检查减法运算结果的一种方法是用加法验算。例如，100 − 75 = 25，我们可以用25+75的结果检验前面结果是否正确。

a　317418 − 123783 的结果是 **193635** 还是 **193335**? 用加法检验，然后完成减法竖式。

$$\begin{array}{r} 193635 \\ +\ 123783 \\ \hline \\ \hline \end{array} \qquad \begin{array}{r} 193335 \\ +\ 123783 \\ \hline \\ \hline \end{array} \qquad \begin{array}{r} 317418 \\ -\ 123783 \\ \hline \\ \hline \end{array}$$

b　326175 − 199879 的结果是 **126296** 还是 **126206**? 用加法检验，然后完成减法竖式。

$$\begin{array}{r} 126296 \\ +\ 199879 \\ \hline \\ \hline \end{array} \qquad \begin{array}{r} 126206 \\ +\ 199879 \\ \hline \\ \hline \end{array} \qquad \begin{array}{r} 326175 \\ -\ 199879 \\ \hline \\ \hline \end{array}$$

c　350044 − 158254 的结果是 **192890** 还是 **191790**? 用加法检验，然后完成减法竖式。

$$\begin{array}{r} 192890 \\ +\ 158254 \\ \hline \\ \hline \end{array} \qquad \begin{array}{r} 191790 \\ +\ 158254 \\ \hline \\ \hline \end{array} \qquad \begin{array}{r} 350044 \\ -\ 158254 \\ \hline \\ \hline \end{array}$$

2 用三个不同数字组合成不同的数，进行加法和减法竖式计算。例如：3，6，2或3，4，5的计算如下，试着在空白处用另外三个数字组成对应的数进行加法和减法的竖式计算。

组成最大的数		6	3	2		5	4	3				
组成最小的数	−	2	3	6	−	3	4	5				
差		3	9	6		1	9	8				
颠倒数	+	6	9	3	+	8	9	1				
和	1	0	8	9	1	0	8	9				

a　用另外三个数字来证明答案总是相同的。

b　如果三个数字中有两个数字相同，结果又会怎样？

1.7 乘除法巧算

乘10的技巧

乘10并不是简单地在乘积后面添上一个0。

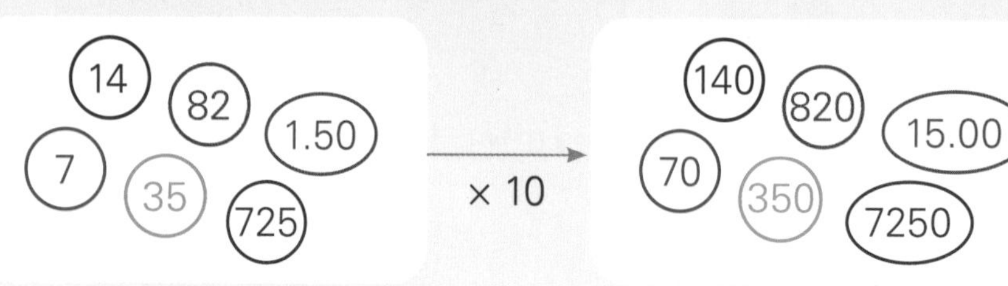

如果只是简单地添上一个0，那么1.50元乘10的结果就是1.500元，答案显然是错误的！

趣味学习

1 乘以10时，数字移动到更高的数位上（向左移动一位），然后用0补位。乘100时，数字向左移动两位。以此类推，填写表格。

		×10	100	1000	10000
	37	370	3700	37000	370000
a	29				
b	124				
c	638				
d	1.25				
e	750				

2 除以10时，数字移动到更低的数位上（向右移动一位），有时需要用到小数点。

		÷10	改写成乘法
	120	12	12 × 10 = 120
	45	4.5	4.5 × 10 = 45
a	370		
b	4700		
c	2000		
d	22.50		
e	54		

3 除以100时，数字向右移动两位，有时需要用到小数点。

		÷100	改写成乘法
	500	5	5 × 100 = 500
	275	2.75	2.75 × 100 = 275
a	700		
b	495		
c	5000		
d	12000		
e	8750		

独立练习

1 乘10后再翻倍。

		×10	翻倍	再翻倍	再翻倍
	13	130	260	520	1040
a	12				
b	15				
c	22				
d	25				
e	50				

2 除以10后再求一半。

		÷10	一半	再一半	再一半
	800	80	40	20	10
a	400				
b	2000				
c	480				
d	10000				
e	8800				

3 大数乘5。

寻找一个适合自己的小技巧。

		×10	一半	算式
	84	840	420	84 × 5 = 420
a	24			
b	68			
c	120			
d	500			
e	1240			

4 大数除以5。

		÷10	翻倍	算式
	160	16	32	160 ÷ 5 = 32
a	420			
b	350			
c	520			
d	900			
e	1200			

5 乘一个10的倍数，可以把这个数拆分成几 × 10。25 × 30等于25 × 10的3倍，通过把30拆成3个十，就能得到答案。

		× 10	× 3	算式
	25	250	750	25 × 30 = 750
a	15			
b	22			
c	33			
d	150			
e	230			

6 乘一个10的倍数，也可以用另外一种拆分方法。25 × 30也可以拆成25 × 3 × 10，答案就是25 × 3的10倍。

		× 3	× 10	算式
	25	75	750	25 × 30 = 750
a	15			
b	22			
c	33			
d	150			
e	230			

7 用简便方法计算。

a　15 × 40 = ______　　b　22 × 40 = ______

c　25 × 50 = ______　　d　34 × 50 = ______

e　14 × 60 = ______　　f　125 × 40 = ______

g　15 × 80 = ______　　h　72 × 20 = ______

i　19 × 30 = ______　　j　1.20 × 60 = ______

k　2.25 × 40 = ______　　l　832 ÷ 2 = ______

m　832 ÷ 4 = ______　　n　248 ÷ 4 = ______

8 萨姆收藏了437枚5角的硬币。口算出萨姆一共有多少钱。

答案: ______

拓展运用

1 可以用拆分的方法计算24 × 15，拆分成24 × 10和24 × 5，再将答案相加。按照这样的方法计算下列数乘15。

		× 10	求一半得到 × 5 的结果	两个答案相加	算式
	24	240	120	360	24 × 15 = 360
a	12				
b	32				
c	41				
d	86				
e	422				

2 乘13的口算方法。

		× 10	× 3	两个答案相加	算式
	22	220	66	286	22 × 13 = 286
a	15				
b	12				
c	23				
d	31				
e	25				

3 用简便方法计算。

a　$25 \times 100 =$ ______　　b　$315 \times 20 =$ ______

c　$80 \div 20 =$ ______　　d　$900 \div 30 =$ ______

e　$22 \times 400 =$ ______　　f　$36 \div 20 =$ ______

g　$3.40 \times 20 =$ ______　　h　$36 \div 40 =$ ______

4 当你休息时，你的心脏大约每秒跳一次。下列时间里你的心跳大概是多少次?

a　1分钟 ______　　b　1小时 ______

1.8 乘法竖式

长乘法和短乘法

43 × 5可以列成长乘法或短乘法的形式。

长乘法

		4	3	
×			5	
		1	5	← 3 × 5
+	2	0	0	← 40 × 5
	2	1	5	← 43 × 5

短乘法

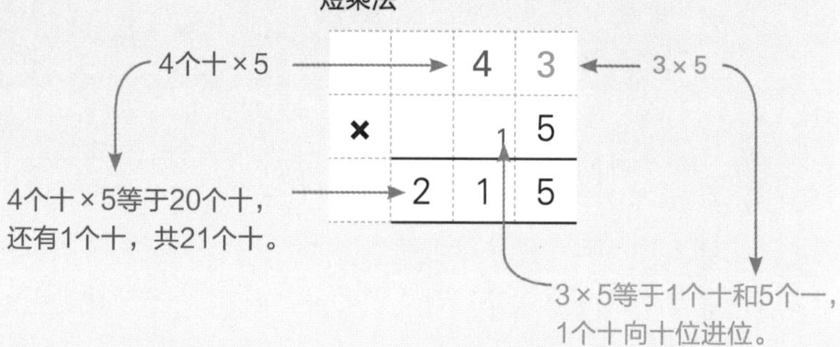

趣味学习

1 用长乘法和短乘法分别计算。

a

		5	4
×			3
		1	2
+			0

		5	4
×		1	3

b

		6	5
×			5
+			0

		6	5
×		2	5

2 用短乘法计算。

a

	1	2	7
×			4

b

	3	2	7
×			3

c

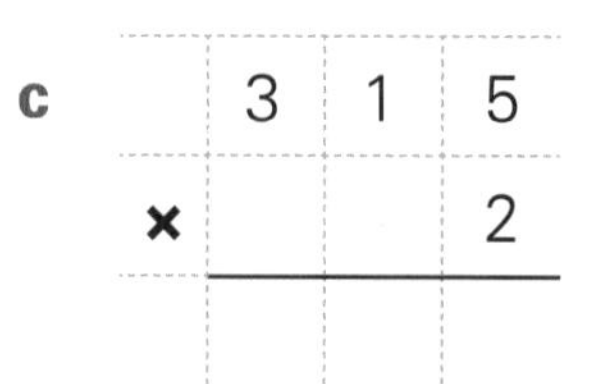

	3	1	5
×			2

d

	2	2	9
×			4

e

	1	6	3	8
×				5

f

	1	3	4	5
×				7

g

	2	1	2	8
×				4

h

	1	4	5	7
×				5

i

	1	5	0	7
×				6

独立练习

只要你记得乘10的技巧，乘10的倍数就难不倒你。例如，43 × 20是多少？

乘10的技巧：所有数字向左移动一位。

	4	3	
×	2	0	先用0补位
8	6	0	然后再乘2。

1 计算下列竖式。

a 35×20 = ___0

b 27×20 = ___0

c 36×30 = ___0

d 46×40 = ___0

e 67×30 = ___0

f 34×60 = ___0

g 152×20 = ___0

h 246×40 = ___0

i 183×60 = ___0

j 1382×40 = ___0

k 2658×70 = ___0

l 2609×80 = ___0

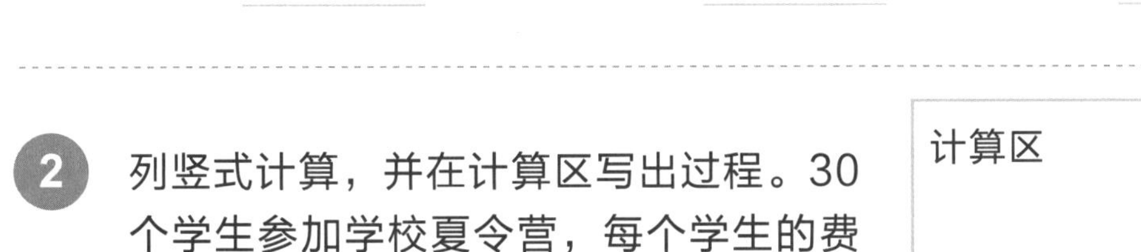

2 列竖式计算，并在计算区写出过程。30个学生参加学校夏令营，每个学生的费用是146.00元。总费用是多少？

______

3 列竖式计算，并在计算区写出过程。石英表机芯中的水晶每秒振动32768次。它一分钟振动多少次？

______

计算区

两位数相乘时，可以使用拆分的方法计算。

36 × 25是多少?
可以拆分成两个乘法。

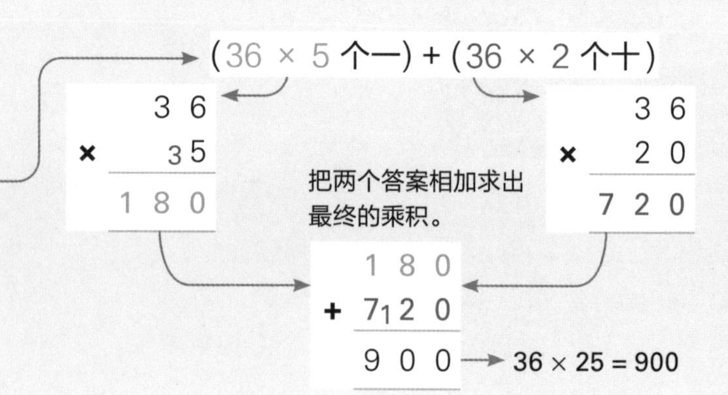

4 a 24×23是多少?

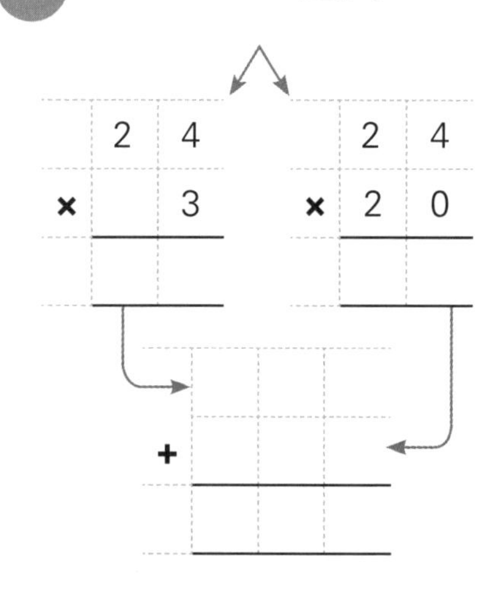

$24 \times 23 =$ ☐

b 23×35是多少?

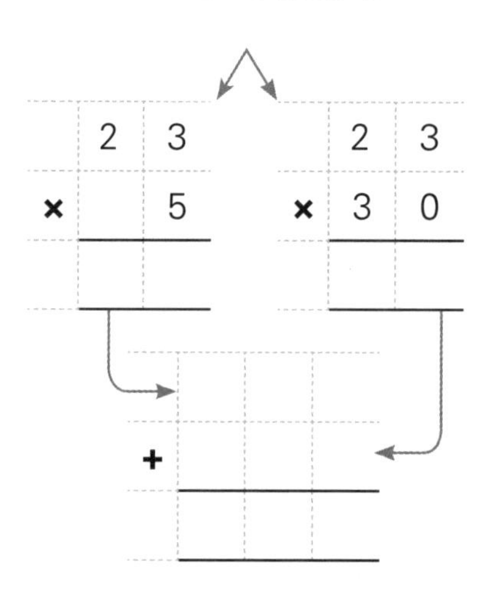

$23 \times 35 =$ ☐

c 35×28是多少?

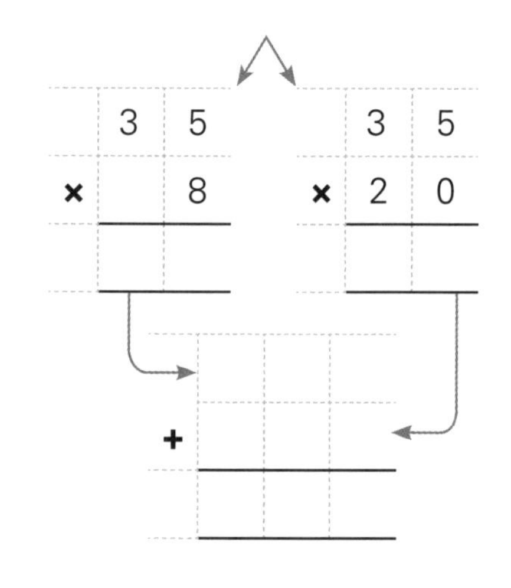

$35 \times 28 =$ ☐

5 a 37×24是多少?

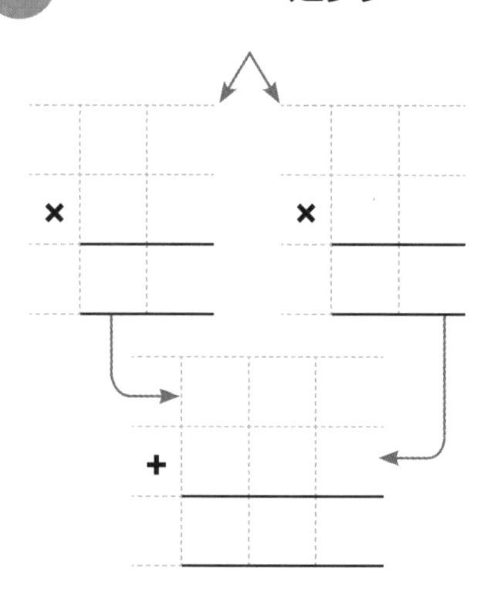

$37 \times 24 =$ ☐

b 39×27是多少?

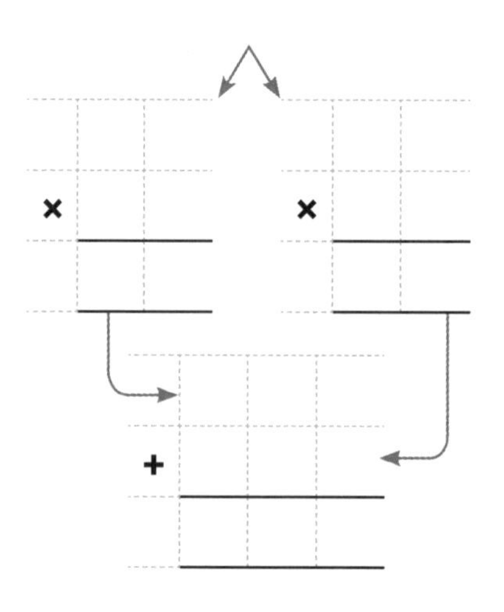

$39 \times 27 =$ ☐

c 42×26是多少?

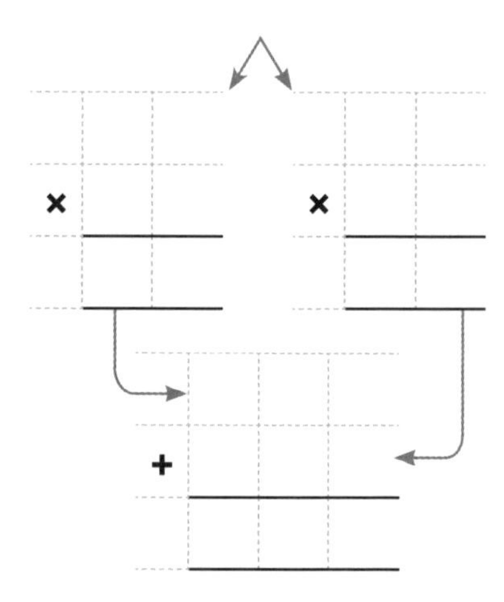

$42 \times 26 =$ ☐

拓展运用

前面我们学习了36 × 25的计算方法。我们可以把两个乘法放到一个乘法算式中：(36 × 5) + (36 × 20)。

36×25是多少?

$$
\begin{array}{r}
36 \\
\times\ 25 \\
\hline
180 \\
+\ 720 \\
\hline
900 \\
\hline
\end{array}
$$

36 × 5 → 180

36 × 20 → 720

别忘了用0补位。

1

a
$$
\begin{array}{r}
29 \\
\times\ 25 \\
\hline
\\
+\ \quad 0 \\
\hline
\\
\hline
\end{array}
$$
← 29 × 5

← 29 × 20

b
$$
\begin{array}{r}
42 \\
\times\ 27 \\
\hline
\\
+\ \quad \\
\hline
\\
\hline
\end{array}
$$

c
$$
\begin{array}{r}
39 \\
\times\ 19 \\
\hline
\\
+\ \quad \\
\hline
\\
\hline
\end{array}
$$

d
$$
\begin{array}{r}
33 \\
\times\ 43 \\
\hline
\\
+\ \quad \\
\hline
\\
\hline
\end{array}
$$

e
$$
\begin{array}{r}
75 \\
\times\ 15 \\
\hline
\\
+\ \quad \\
\hline
\\
\hline
\end{array}
$$

f
$$
\begin{array}{r}
64 \\
\times\ 37 \\
\hline
\\
+\ \quad \\
\hline
\\
\hline
\end{array}
$$

g
$$
\begin{array}{r}
123 \\
\times\ 26 \\
\hline
\\
+\ \quad \\
\hline
\\
\hline
\end{array}
$$

h
$$
\begin{array}{r}
207 \\
\times\ 54 \\
\hline
\\
+\ \quad \\
\hline
\\
\hline
\end{array}
$$

i
$$
\begin{array}{r}
396 \\
\times\ 47 \\
\hline
\\
+\ \quad \\
\hline
\\
\hline
\end{array}
$$

2 算一算，回答问题，可在计算区写下计算过程。

a 在夏威夷的怀厄莱阿莱山，一年平均有335个雨天。如果你在那里住35年，你会经历多少个雨天？ ☐

b 艾米最近每天打27次喷嚏。她在一月份一共打了多少次喷嚏？ ☐

计算区

1.9 除法竖式

计算除法的两种方法

150除以2可以写成 150 ÷ 2 或 2)150 。如果计算 135 ÷ 3，可以这样做：

百位不够3个一组，从13个十开始计算。13（个十）被分成3个一组，等于4(个十)余1。

```
   4
3)1 3¹5
```

余数1表示10个一，会让个位变成15个一，15被平分成3个一组，等于5。

```
   4 5
3)1 3¹5
```

趣味学习

保证数位对齐。

1 做一做。

a 4)2 7³6 （商：6）　　b 2)8 8 4　　c 7)6 5 8

d 4)4 4 0　　e 2)8 6 4 2　　f 3)3 6 0 3

g 4)3 7 3 6　　h 5)2 4 2 0 5　　i 7)3 0 2 5 4

j 6)2 5 9 3 2　　k 8)9 8 7 4 4　　l 9)4 8 8 8 9 8

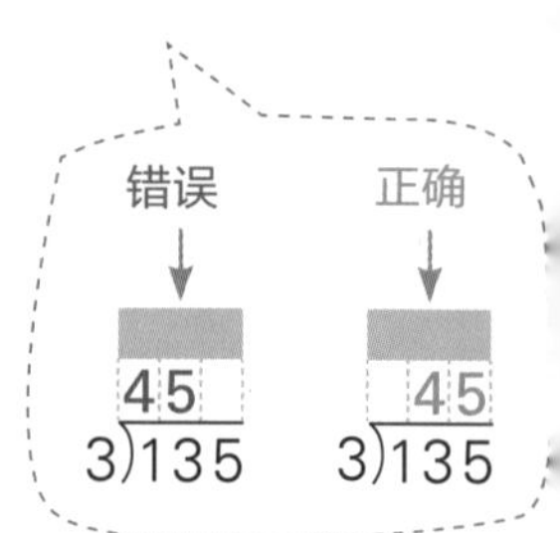

2 列竖式进行计算。

a 1075 ÷ 5

b 1746 ÷ 3

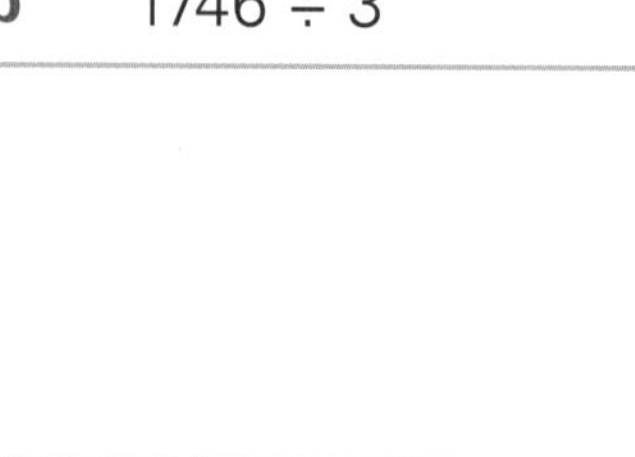

c 2148 ÷ 6

d 5372 ÷ 2

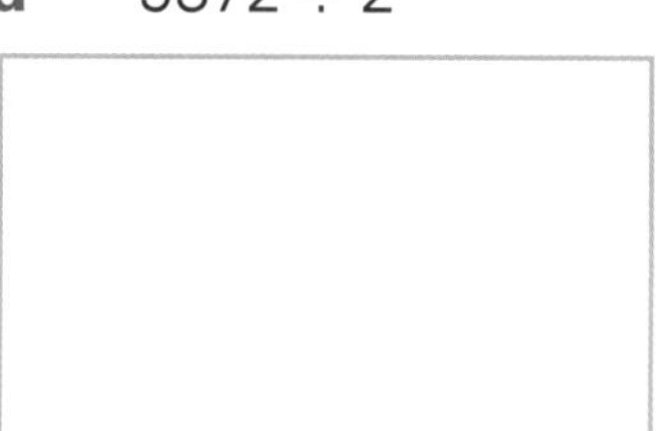

e 2636 ÷ 4

f 2436 ÷ 7

独立练习

我们可以用两种方法表示带有余数的除法结果：

$$35 \div 2 = 17 \cdots\cdots 1 \quad 或 \quad 35 \div 2 = 17\frac{1}{2}$$

1 写出计算结果，并用两种方式表示余数。

a $14 \div 3=$ ______

b $47 \div 5=$ ______

c $39 \div 4=$ ______

d $65 \div 8=$ ______

e $77 \div 9=$ ______

f $61 \div 7=$ ______

g $84 \div 9=$ ______

h $58 \div 6=$ ______

2 写出计算结果，并用两种方式表示余数。

a $4\overline{)467}$ ______

b $3\overline{)272}$ ______

c $6\overline{)197}$ ______

d $5\overline{)742}$ ______

e $3\overline{)2575}$ ______

g $9\overline{)1684}$ ______

f $6\overline{)4165}$ ______

h $7\overline{)2319}$ ______

3 在实际的除法运算中，必须要想清楚如何处理余数。是把它写作余数，还是把它写成分数？列出算式并计算下列各题。

a 两个孩子平分一袋弹珠，这袋弹珠共有125颗。他们每人最多可以分到多少颗？

______

b 两个孩子平分15个甜甜圈。他们每人最多能分到多少个？

______

如果两个人平分25.00元，余下的1.00元也可以平分。我们可以用小数表示完全平分的结果：12.50元。列竖式时，我们需要给整数添上小数点和两个0，以便表示0角和0分。

$$\begin{array}{r} 12.50 \\ 2\overline{)25.00} \end{array}$$

4 添上小数点和两个0，然后计算。

a $2\overline{)53.00}$　　b $4\overline{)74}$　　c $8\overline{)92}$

d $4\overline{)73}$　　e $8\overline{)132}$　　f $6\overline{)129}$

5 我们可以用小数来表示除法的结果。例如，比森在满分是20分的四次测试中，分别得了17分、18分、19分和15分，他的平均分数就是$69 \div 4 = 17\frac{1}{4}$或17.25分。

a $4\overline{)595.00}$　　b $5\overline{)628}$　　c $8\overline{)506}$

d $5\overline{)684}$　　e $4\overline{)1347}$　　f $8\overline{)9852}$

g $6\overline{)17193}$　　h $5\overline{)11598}$　　i $8\overline{)52186}$

6 解决问题，用最合适的方法表示余数。

a 四个人平分145颗弹珠，每人最多可以分到多少颗？

____

b 四个人平分145.00元的奖金，每人可以分到多少元？

____

拓展运用

有时除法的结果超过两位小数，如果要精确到小数点后的某一位，就可以省略后面的数字。例如，比森在满分是20分的三次测试中，分别得了18分、15分、19分，那么他的平均分就是52除以3的结果：

精确到小数点后两位。
17.33333 ≈ 17.33

$$3\overline{)52.00000} = 17.33333$$

1 做一做。

a $3\overline{)874}$ b $4\overline{)497}$ c $7\overline{)582}$

d $6\overline{)254}$ e $9\overline{)724}$ f $3\overline{)5485}$

g $5\overline{)1743}$ h $7\overline{)8583}$ i $4\overline{)45979}$

j $6\overline{)85928}$ k $5\overline{)25476}$ l $9\overline{)97265}$

2 在方框内写上正确的数字。

a $4\overline{)\square 32}$ = 58 b $7\overline{)3\square 9}$ = 4 7 c $\square\overline{)1913}$ = 478.25

d $3\square 6 \div 8 = 42$ e $726.50 \div \square = 363.25$

f $1837.\square \div 3 = 612.5$ g $2643.75 \div \square = 528.75$

3 美国的老忠实间歇泉每年(不考虑闰年)喷发7300次。它每天喷发多少次？

____

计算区

1.10 负 数

如果你问一个7岁的孩子：“5 − 8是多少？”他们可能会回答：“5不能减8。”然而，计算器会给出答案：

$5 - 8 = -3$

整数包含自然数。整数可以是正数（比0大）或负数（比0小）。
例如：−3读作负三。

趣味学习

1 在数轴上填空。

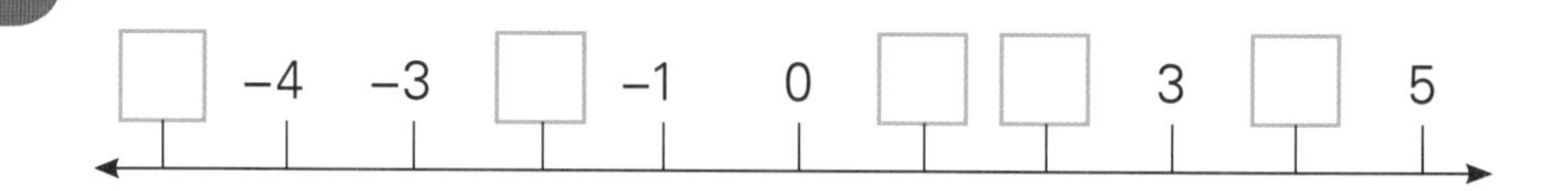

5
4
3
2
1
0
−1
−2
−3
−4
−5

2 红点的位置表示0。在数轴上画出下面这些数。

a 蓝点表示 −3　　**b** 黑点表示 2

c 三角形表示 −1　　**d** 正方形表示 4

e 五角星表示 −5

3 把数轴上的形状按照数值从小到大排列。

____

4 判断对错。

a $5 > 0$ ________

b $0 < -1$ ________

c $2 > -4$ ________

d $-2 > -1$ ________

e $-4 < 0$ ________

f $5 = -5$ ________

g $3 < -4$ ________

h $-5 > -10$ ________

>表示左边大于右边，<表示左边小于右边。

独立练习

可以用数轴表示加减法运算。

2增加4

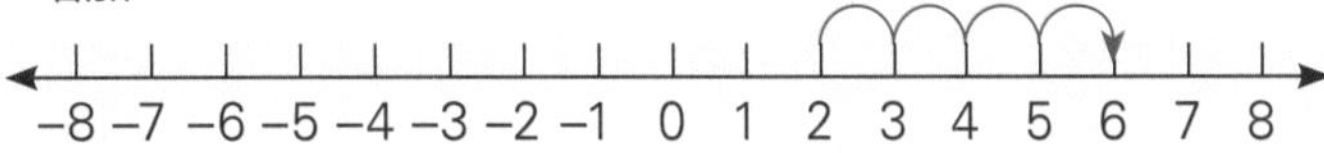

算式：2 + 4 = 6

1减少3

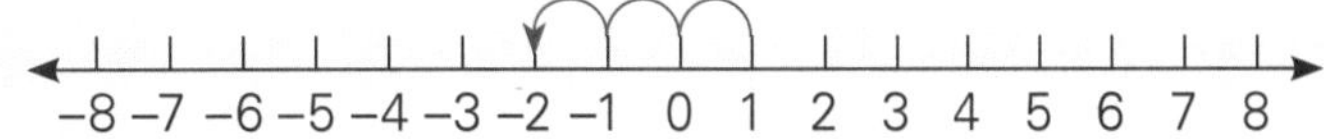

算式：1 − 3 = −2

1 在数轴上表示下列运算，并且列出算式。

a −2增加4

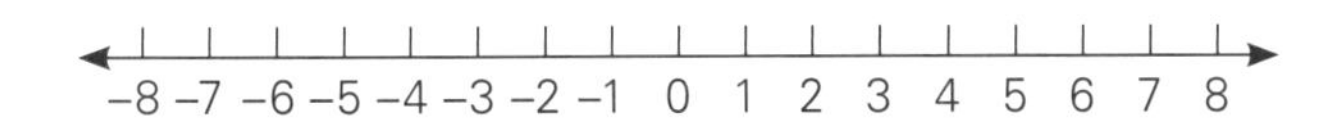

算式：______

b 2减少3

算式：______

c 4减少7

算式：______

d −6增加5

算式：______

e −3减少5

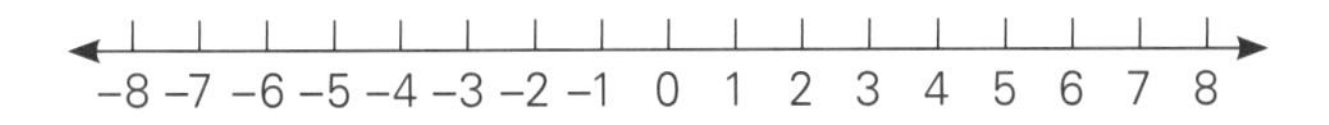

算式：______

f −8增加8

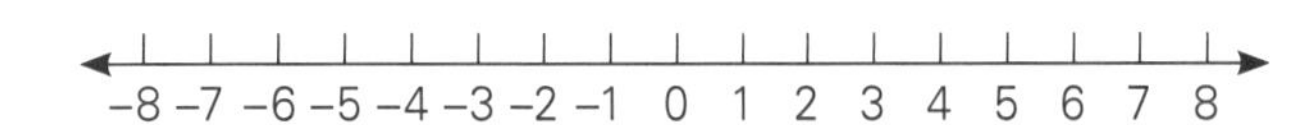

算式：______

g −8增加10

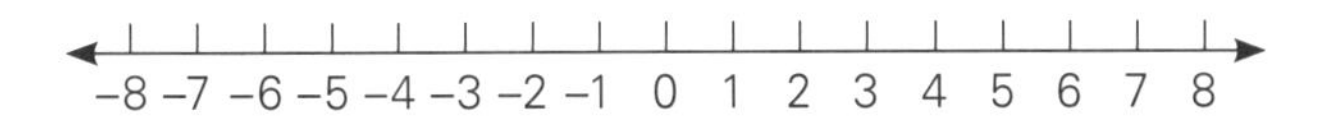

算式：______

h 7减少11

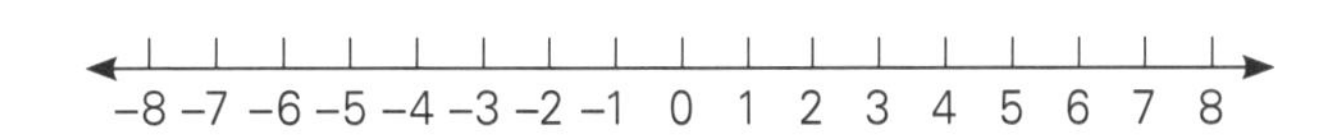

算式：______

i −7增加15

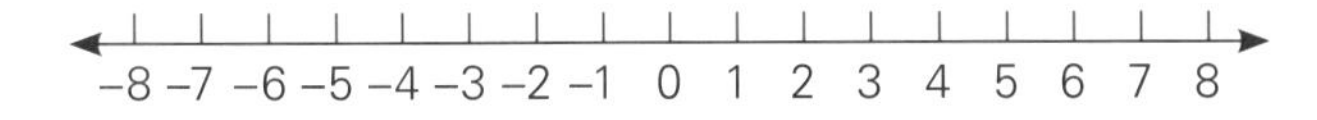

算式：______

j 6减少13

算式：______

2 计算下列算式。

a 4 − 5 = ______ b 15 − 16 = ______ c 4 − 8 = ______

d 7 − 12 = ______ e 10 − 20 = ______ f 40 − 100 = ______

3 观察数轴，在空格中填写对应的数字。

4 右表展示了某山脉在一星期内，每天凌晨4点的气温。

星期六	−1°C
星期日	1°C
星期一	−2°C
星期二	2°C
星期三	0°C
星期四	−4°C
星期五	−3°C

°C
0
-1
星期六

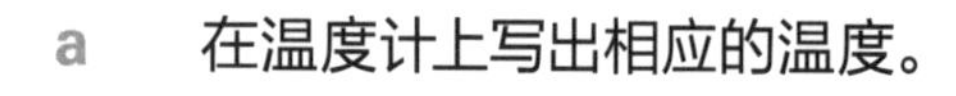

a　在温度计上写出相应的温度。

b　在每个温度数据旁边写上正确的星期几。

c　最冷的一天是 ________________。

d　最冷的一天比最热的一天温度低 ________°C。

5 每个字母代表一个整数。根据给出的信息，在数轴上的方框内写上正确的字母。

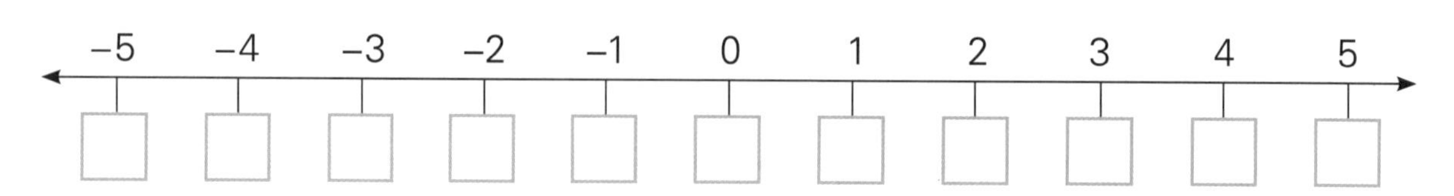

- $3 < H < 5$
- $-2 < T < 0$
- $S > H$
- $-5 < A < -3$
- $M < A$

拓展运用

1 看图表回答以下问题。

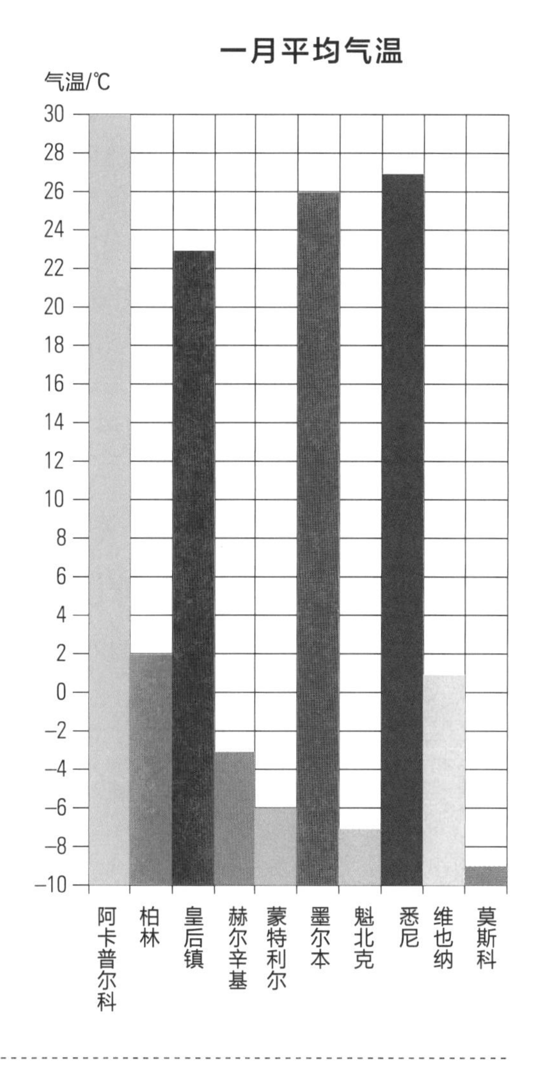

a 哪些城市一月份的平均气温在0°C以下?

b 哪个城市的平均气温比赫尔辛基高5℃?

c 如果维也纳的平均气温下降6℃，会是多少?

d 哪几座城市的温差是33℃?

2 有时，即使账户里没有足够的钱，银行也允许人们支出。这时余额用负数表示。结合右图某人的银行对账单填写余额。

国际大银行			
日期	收入/元	支出/元	余额/元
5月3日	100.00	0.00	100.00
5月4日	0.00	120.00	
5月9日	30.00	0.00	
5月14日	0.00	50.00	
5月31日	45.00	0.00	

3 人们经常用信用卡购物。在使用信用卡之前，里面的金额既不是负数也不是正数，而是零。

a 如果比森用信用卡支付100.00元的账单，余额是多少?

b 在月底，比森可以选择部分还款或全额还款。如果他还款10.00元，那他剩余的欠款不止90.00元。你认为这是为什么?

1.11 乘方和开平方

乘方

可以在数学中寻找简便方法，例如，3 + 3 + 3 + 3 + 3可以简写成 3×5。也可以简写某些乘法算式，例如，3×3可以简写成3^2，3称为底数，2称为指数。求几个相同因数的积的运算叫作乘方，乘方的结果称为幂。3^2表示两个3（底数）相乘，所以3^2 = 3 × 3 = 9。

趣味学习

1 把下列乘法用底数和指数表示。

	乘法	底数和指数
	3 × 3 × 3	3^3
a	2 × 2 × 2 × 2 × 2	
b	4 × 4 × 4	
c	8 × 8 × 8 × 8	
d	5 × 5 × 5 × 5 × 5	
e	7 × 7 × 7 × 7 × 7 × 7	
f	10 × 10 × 10 × 10	

2 填空。

	底数和指数	底数相乘的次数	乘法算式	幂
	4^2	2	4 × 4	16
a	3^3	3		
b	2^4			
c	5^3			
d	6^2			
e	9^2			
f	10^3			

3^3可以说成3的3次方或3的立方。

开平方

开平方是平方的逆运算，也叫求平方根，平方根的符号是 $\sqrt{\ }$。
4的平方是16，所以16的平方根就是4。
我们可以这样写：$4^2=16$，$\sqrt{16}=4$。
（注：本书中暂不考虑负平方根。）

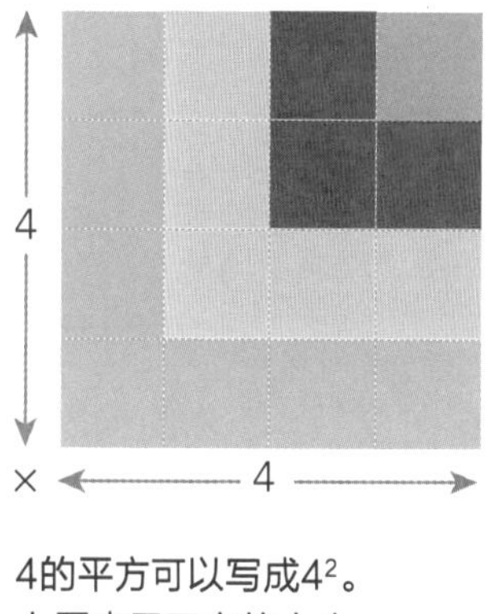

平方
4 16
开平方

4的平方可以写成4^2。
上图表示了它的大小。

3 求下列数的平方根。

	起始数	什么数乘自身等于起始数？	起始数的平方根	结果
	16	4 × 4 = 16	4	$\sqrt{16}=4$
a	4			
b	36			
c	9			
d	64			

4 如果起始数不是平方数，则结果取平方根的近似值。求下列数平方根的近似值。

	起始数	在哪两个平方数之间？	它们的平方根是多少？	平方根介于哪两者之间？
	7	4 和 9	$\sqrt{4}=2$，$\sqrt{9}=3$	2 和 3
a	10			
b	42			
c	20			
d	52			

独立练习

带指数的底数看似很小，比如2^7。然而，计算后会发现，结果可能非常大。例如，2^7的结果大于100。

1 先展开再计算。可以使用计算器。

a $2^7 = 2 \times 2 \times 2 \times 2 \times 2 \times 2 \times 2 =$ ________

b $5^5 =$ ________

c $3^6 =$ ________

d $4^5 =$ ________

e $7^4 =$ ________

2 圈出每组中数值较大的数。 a 9^4 8^5 b 5^3 3^5

3 填空。

a 5的 ________ 次方等于15625。

b 10的 ________ 次方等于1000000。

4 先估算平方根，再求准确的平方根(精确到小数点后两位)。这时，需要一个能求平方根的计算器来计算准确的平方根。

	起始数	平方根介于哪两者之间?	准确的平方根(精确到小数点后两位)	结果
	5	2 和 3	2.24	$\sqrt{5} = 2.24$
a	40			
b	14			
c	30			
d	99			

拓展运用

有时你会看到2^5 被写成2^5。如果你正在使用电脑，会发现符号“^”通常在键盘的6键上。

1 计算。

a 5^2 = ______ **b** 3^4 = ______

c 10^4 = ______ **d** 1^10 = ______

负指数

底数可以有负指数，比如2^{-2}。正指数用乘法计算：$2^2 = 2 \times 2 = 4$。
乘法的逆运算是除法，所以负指数用除法计算。
用1连续除以底数，负指数表示底数出现的次数。2^{-2} 就是用1除以底数2，并且除以2次。
第一次：$1 \div 2 = 0.5$，第二次：$0.5 \div 2=0.25$。所以$2^{-2}=1 \div 2 \div 2=0.25$。

2 求出负指数，可以使用计算器。

a $8^{-1} = 1 \div 8 =$ ______ **b** $8^{-2} = 1 \div 8 \div 8 =$ ______

c $4^{-1} =$ ______ **d** $4^{-2} =$ ______

e $10^{-2} =$ ______ **f** $10^{-3} =$ ______

3 在上题中，我们从1开始做除法。我们也可以用这个方法理解正指数——从1开始做乘法。例如，$3^2 = 1 \times 3 \times 3 = 9$。用同样的方法求解。

a $6^3=$ ______ **b** $4^4=$ ______

4 试着用不同的数做底数，指数为1，列出算式，观察并写出结果的规律。

______

分数可以表示一个整体的一部分。

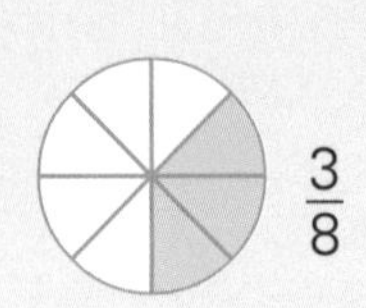

阴影部分占圆圈的八分之三。

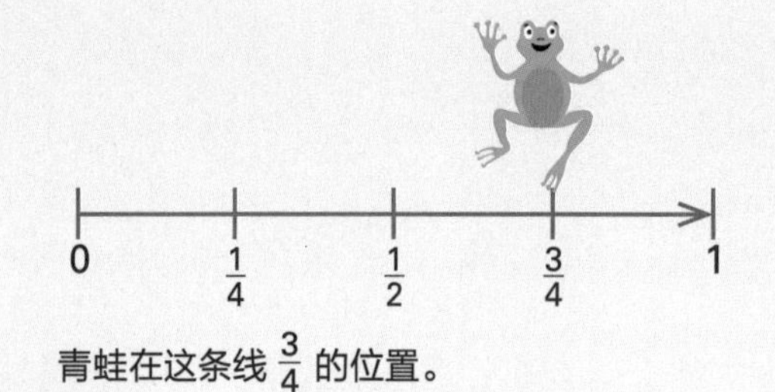

青蛙在这条线 $\frac{3}{4}$ 的位置。

分数也可以表示群体或一些数量的一部分。

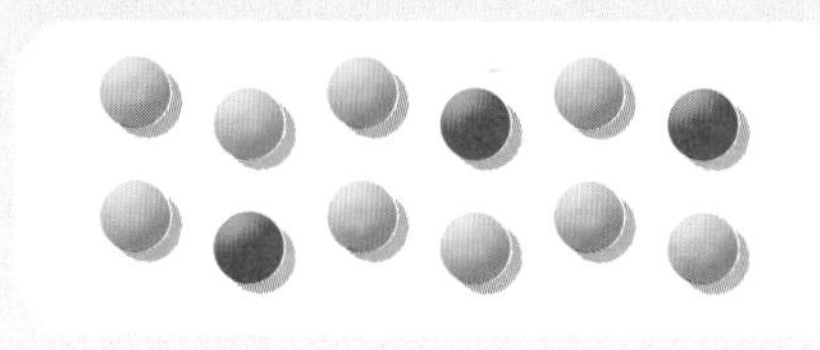

$\frac{1}{4}$ 的珠子是红色的。

趣味学习

1 根据各图写出分数，并读出来。

a 红色部分

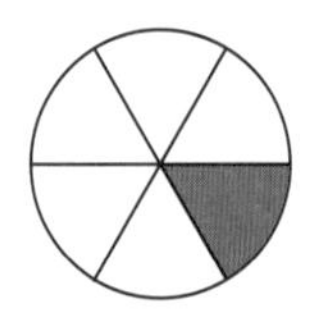

$\frac{1}{\square}$

___ 分之一

b 白色部分

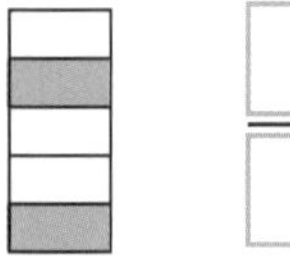

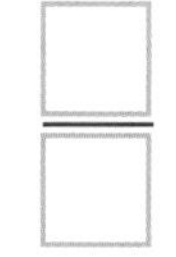

$\frac{\square}{\square}$

___

c 蓝色部分

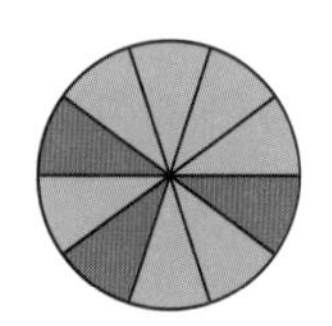

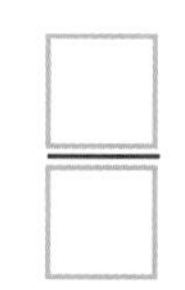

$\frac{\square}{\square}$

___

d 绿色部分

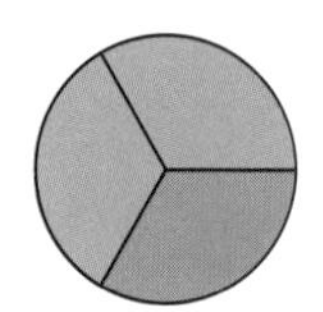

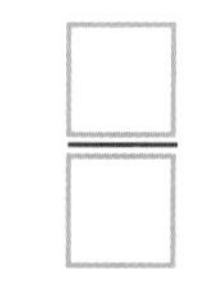

$\frac{\square}{\square}$

___

2 做一做。

a 有几分之几的人去往墨尔本?

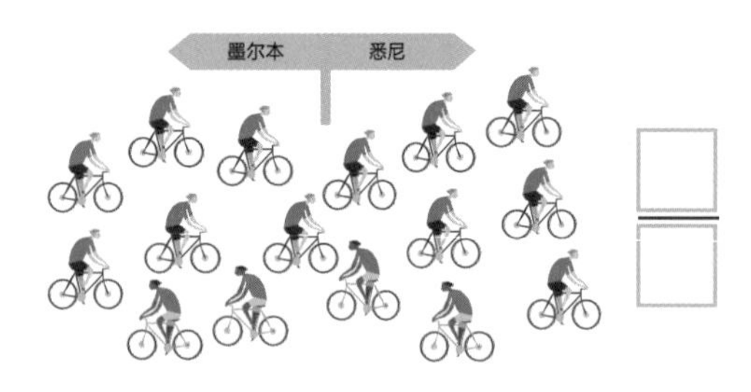

$\frac{\square}{\square}$

b 给 $\frac{1}{3}$ 的星星涂色。

3 菱形在数轴 $\frac{1}{10}$ 的位置上。

a 用分数表示六边形的位置。 $\frac{\square}{\square}$

b 在数轴 $\frac{3}{10}$ 的位置上画笑脸。

c 从菱形到圆形的距离占数轴的几分之几? ___

d 在比一半多 $\frac{1}{10}$ 的位置上画三角形。

独立练习

一个整体
$\frac{1}{2}$
$\frac{1}{3}$
$\frac{1}{4}$
$\frac{1}{5}$
$\frac{1}{6}$
$\frac{1}{7}$
$\frac{1}{8}$
$\frac{1}{9}$
$\frac{1}{10}$
$\frac{1}{11}$
$\frac{1}{12}$

1 从上图中我们可以看出$\frac{2}{4}=\frac{1}{2}$。

a 上图中还有哪些分数与$\frac{1}{2}$相等？

____

b 再写出一个与$\frac{1}{2}$相等的分数：

2 找到与下列分数相等的分数。

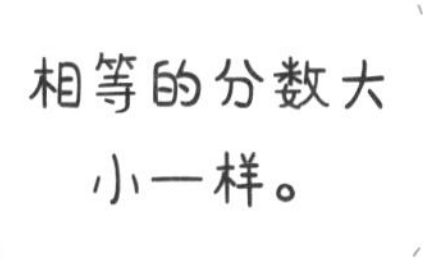

a $\frac{2}{10}=\frac{\square}{\square}$　　b $\frac{1}{6}=\frac{\square}{\square}$　　c $\frac{3}{12}=\frac{\square}{\square}$

d $\frac{5}{6}=\frac{\square}{\square}$　　e $\frac{4}{5}=\frac{\square}{\square}$　　f $\frac{3}{9}=\frac{\square}{\square}$

3 填空。

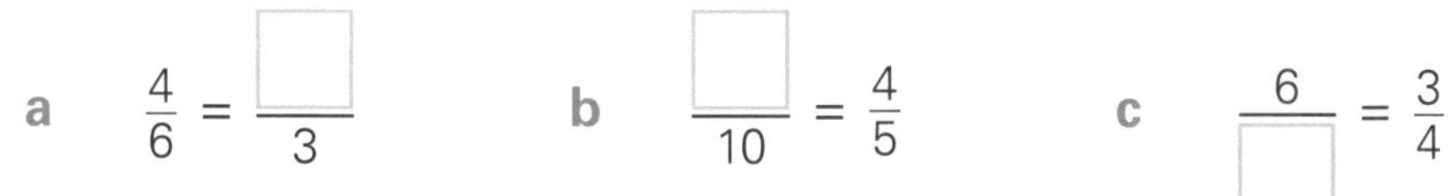

a $\frac{4}{6}=\frac{\square}{3}$　　b $\frac{\square}{10}=\frac{4}{5}$　　c $\frac{6}{\square}=\frac{3}{4}$

d $\frac{6}{\square}=\frac{2}{3}$　　e $\frac{2}{3}=\frac{\square}{12}$　　f $\frac{3}{\square}=\frac{9}{12}$

我们可以用图来表示相等的分数。 $\frac{1}{2}$ = $\frac{2}{4}$

4 做一做。

a 在图中用阴影表示 $\frac{6}{8}$ 与 $\frac{3}{4}$，并写出等式。

$\frac{\square}{\square} = \frac{\square}{\square}$

b 在图中用阴影表示与 $\frac{4}{5}$ 相等的分数，并写出等式。

____

5 按照要求分割下列图形，并涂上阴影。

a $\frac{3}{6} = \frac{1}{2}$

b $\frac{6}{8} = \frac{3}{4}$

6 根据要求填空或画图。

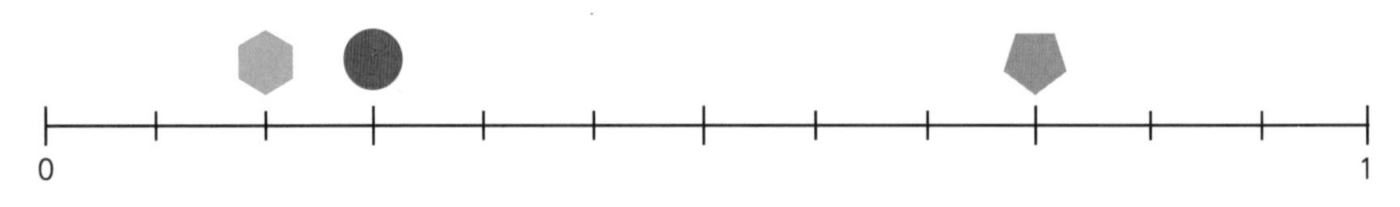

a 圆在数轴 $\frac{1}{4}$ 的位置上。用另外一个分数表示这个位置。________

b 除了 $\frac{9}{12}$，还有哪个分数能表示五边形的位置？________

c 写出两个相等的分数来表示六边形的位置。________

d 在数轴 $\frac{2}{3}$ 的位置画一颗五角星。

拓展运用

1 如果你观察相等的分数，比如$\frac{2}{4}=\frac{1}{2}$，就会发现分子和分母之间有关联。下列每对分数中分子和分母之间的关联是什么？

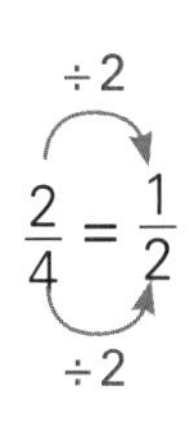

a ÷4 $\frac{4}{8}=\frac{1}{2}$ ☐

b ☐ $\frac{3}{9}=\frac{1}{3}$ ☐

c ☐ $\frac{4}{10}=\frac{2}{5}$ ☐

d ☐ $\frac{9}{12}=\frac{3}{4}$ ☐

e ☐ $\frac{5}{10}=\frac{1}{2}$ ☐

f ☐ $\frac{8}{12}=\frac{2}{3}$ ☐

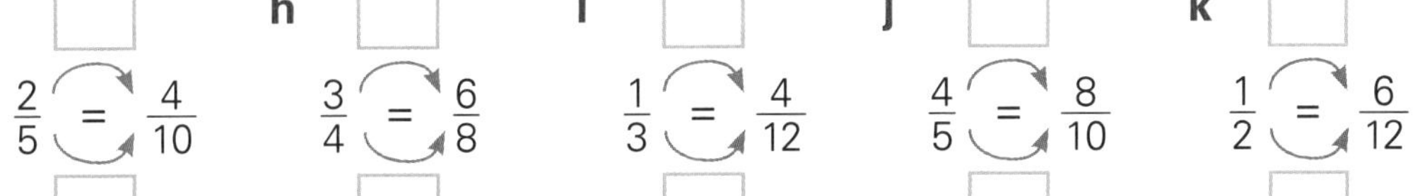

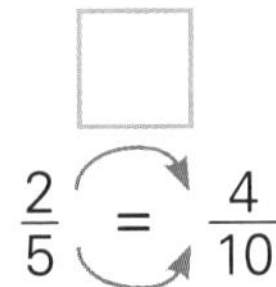

g ☐ $\frac{2}{5}=\frac{4}{10}$ ☐

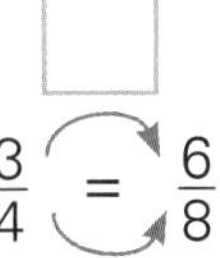

h ☐ $\frac{3}{4}=\frac{6}{8}$ ☐

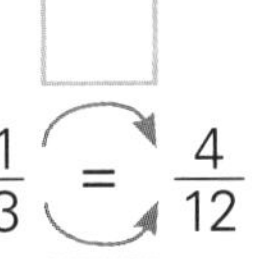

i ☐ $\frac{1}{3}=\frac{4}{12}$ ☐

j ☐ $\frac{4}{5}=\frac{8}{10}$ ☐

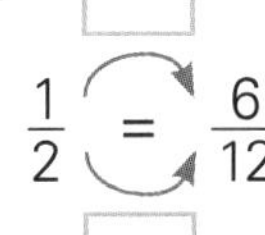

k ☐ $\frac{1}{2}=\frac{6}{12}$ ☐

l ☐ $\frac{2}{3}=\frac{8}{12}$ ☐

---

2 写出和下列分数相等的一个分数。

a $\frac{4}{6}$

b $\frac{15}{20}$

c $\frac{9}{18}$

d $\frac{8}{20}$

e $\frac{2}{14}$

f $\frac{8}{10}$

g $\frac{25}{100}$

---

3 写出下列分数的最简形式。

a $\frac{8}{16}$

b $\frac{16}{20}$

c $\frac{8}{24}$

d $\frac{9}{27}$

e $\frac{6}{36}$

f $\frac{80}{100}$

2.2 分数加减法

同分母分数加法和减法（例如$\frac{3}{4}-\frac{1}{4}$）的计算就像做3颗糖豆减1颗糖豆一样简单。
异分母分数要先转化为同分母的分数，再做加减法。

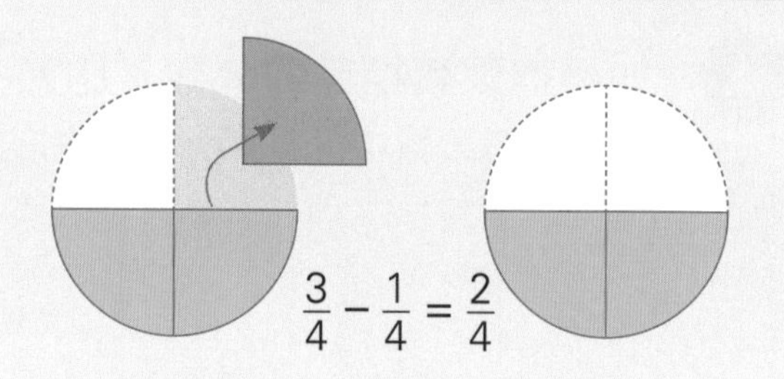

$\frac{3}{4}-\frac{1}{4}=\frac{2}{4}$

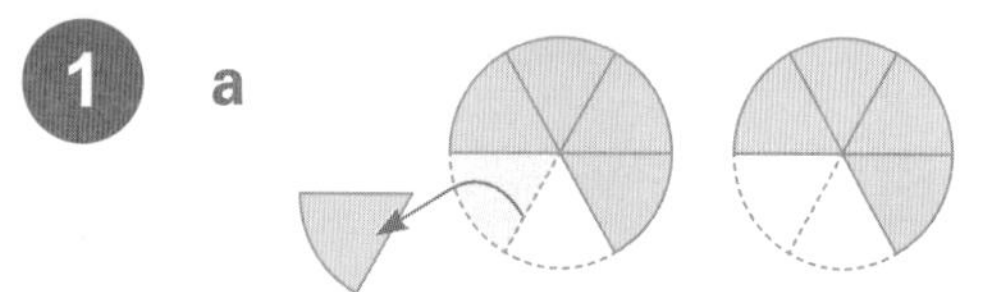

$\frac{5}{8}+\frac{2}{4} = \frac{5}{8}+\frac{4}{8} = \frac{9}{8}$ 或 $1\frac{1}{8}$

趣味学习

1 a

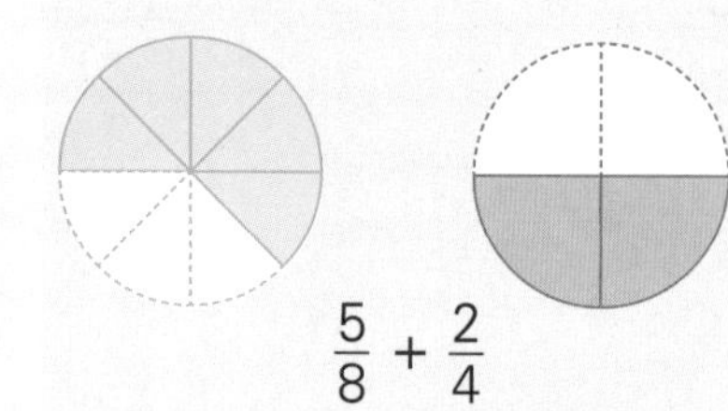

$\frac{5}{6} - \frac{1}{6} = \frac{\square}{6}$

b $\frac{3}{7} + \frac{5}{7} = \frac{\square}{7} = \_\_\frac{\square}{7}$

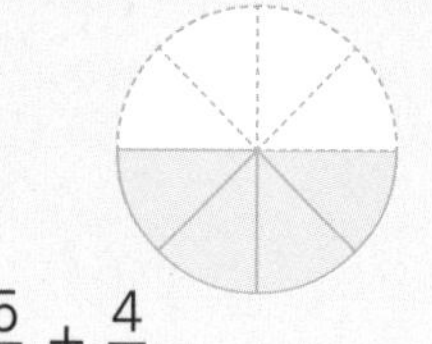

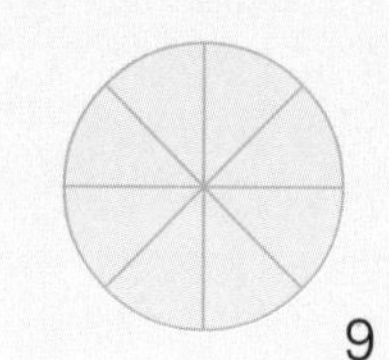

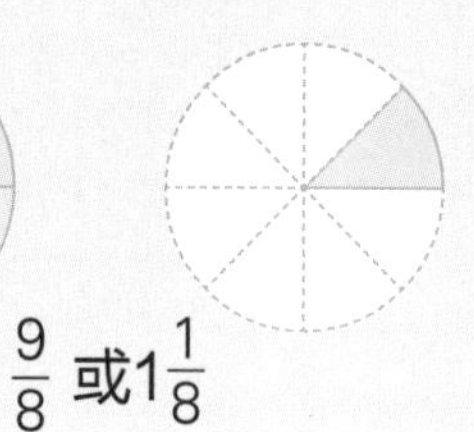

c

0 1 2

$\frac{3}{4} + \frac{3}{4} = \frac{\square}{4} = \_\_\frac{\square}{\square}$

d

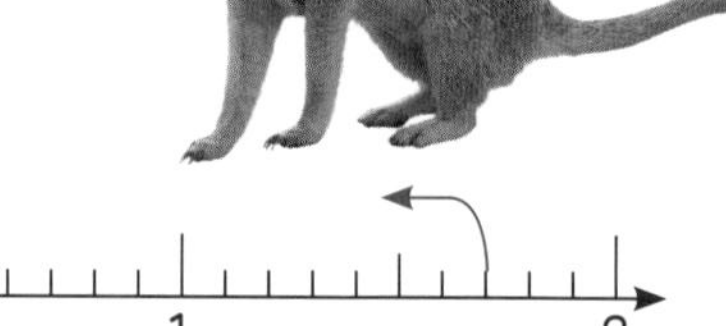

0 1 2

$1\frac{7}{10} - \frac{9}{10} = \frac{\square}{10}$

---

2 a

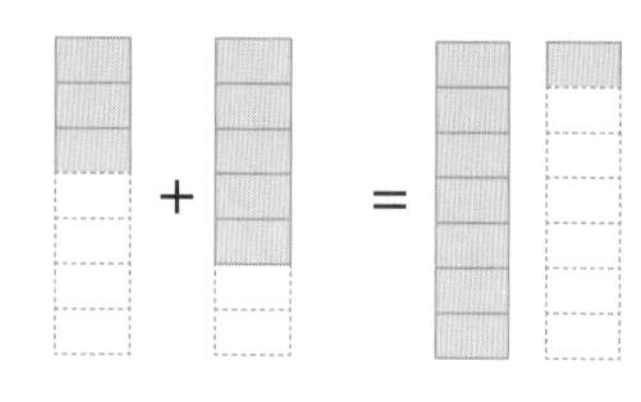

$\frac{3}{8} + \frac{1}{4} = \frac{3}{8} + \frac{\square}{8} = \frac{\square}{8}$

b

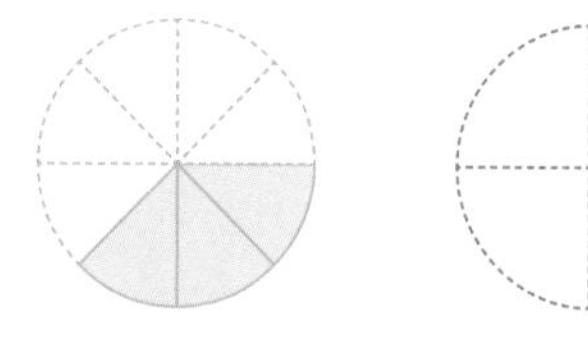

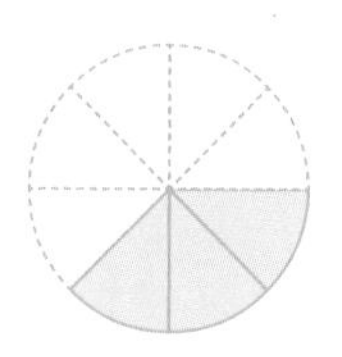

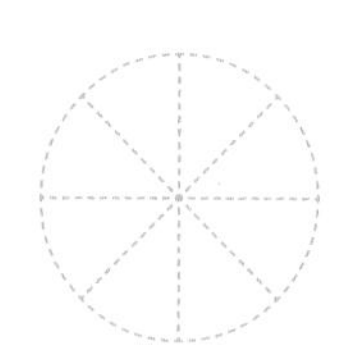

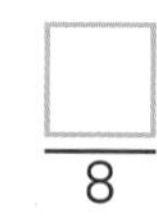

$\frac{3}{4} - \frac{1}{2} = \frac{3}{4} - \frac{\square}{4} = \frac{\square}{4}$

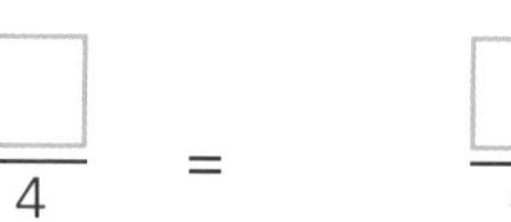

独立练习

1

a $\frac{3}{8}+\frac{2}{8}=$ ______　b $\frac{5}{10}+\frac{3}{10}=$ ______　c $\frac{2}{5}+\frac{2}{5}=$ ______

d $\frac{3}{7}+\frac{2}{7}=$ ______　e $\frac{7}{12}+\frac{3}{12}=$ ______　f $\frac{2}{9}+\frac{5}{9}=$ ______

g $\frac{1}{6}+\frac{4}{6}=$ ______　h $\frac{5}{10}+\frac{5}{10}=$ ______　i $\frac{3}{8}+\frac{4}{8}=$ ______

2

a $\frac{7}{8}-\frac{3}{8}=$ ______　b $\frac{8}{9}-\frac{2}{9}=$ ______　c $\frac{11}{12}-\frac{5}{12}=$ ______

d $\frac{3}{4}-\frac{2}{4}=$ ______　e $\frac{5}{7}-\frac{3}{7}=$ ______　f $\frac{9}{10}-\frac{3}{10}=$ ______

g $\frac{8}{9}-\frac{4}{9}=$ ______　h $\frac{5}{6}-\frac{2}{6}=$ ______

3

a $\frac{2}{8}+\frac{1}{4}=$ ______　b $\frac{3}{10}+\frac{2}{5}=$ ______

c $\frac{1}{3}+\frac{1}{6}=$ ______　d $\frac{3}{4}+\frac{1}{8}=$ ______

e $\frac{7}{10}+\frac{1}{5}=$ ______　f $\frac{2}{9}+\frac{1}{3}=$ ______

记住：要将异分母分数转化成同分母分数，再进行加减法计算。

4

a $\frac{3}{8}-\frac{1}{4}=$ ______　b $\frac{8}{10}-\frac{1}{2}=$ ______

c $\frac{7}{12}-\frac{1}{4}=$ ______　d $\frac{8}{9}-\frac{1}{3}=$ ______

e $\frac{3}{4}-\frac{1}{2}=$ ______　f $\frac{9}{12}-\frac{1}{4}=$ ______

5 给下图涂上阴影来解决加法问题，并列出算式。

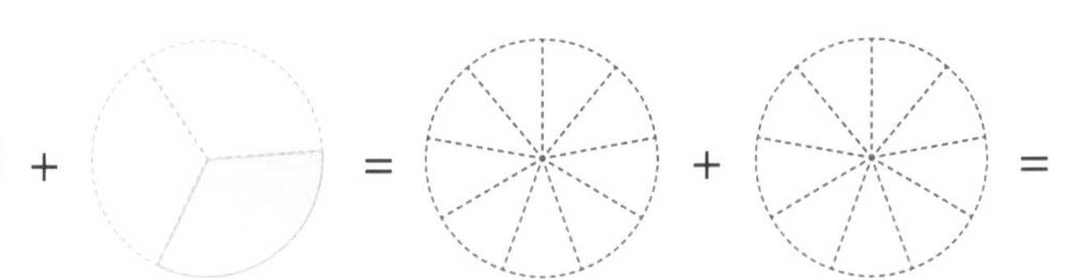
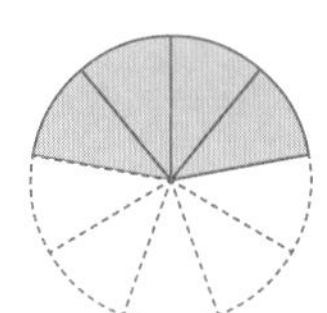

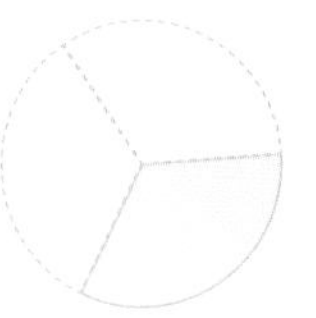
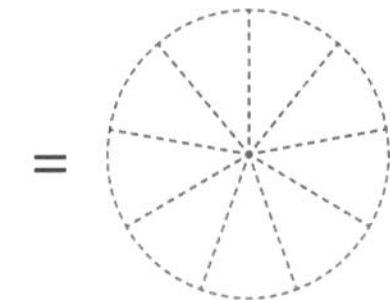
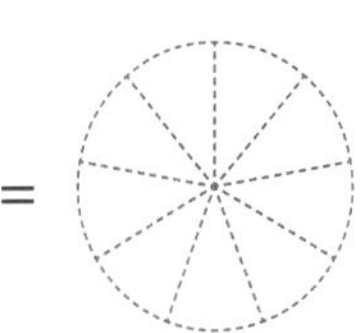

可以借助图形和数轴完成下题。

6 如果计算结果大于1，请使用假分数和带分数表示。

例：$\frac{3}{4}+\frac{2}{4}=\frac{5}{4}=1\frac{1}{4}$

a $\frac{7}{8}+\frac{5}{8}=$ ________　b $\frac{5}{9}+\frac{7}{9}=$ ________

c $\frac{8}{12}+\frac{8}{12}=$ ________　d $\frac{3}{4}+\frac{3}{4}=$ ________　e $\frac{7}{10}+\frac{9}{10}=$ ________

f $\frac{5}{6}+\frac{4}{6}=$ ________　g $\frac{5}{8}+\frac{3}{8}=$ ________　h $\frac{2}{3}+\frac{2}{3}=$ ________

7 计算。

a $1\frac{7}{8}-\frac{3}{8}=$ ________　b $1\frac{5}{9}-\frac{4}{9}=$ ________　c $1\frac{7}{10}-\frac{5}{10}=$ ________

d $2\frac{3}{4}-\frac{1}{4}=$ ________　e $3\frac{5}{8}-\frac{7}{8}=$ ________　f $4\frac{8}{10}-\frac{9}{10}=$ ________

g $2\frac{1}{9}-\frac{8}{9}=$ ________　h $3\frac{3}{8}-\frac{5}{8}=$ ________

8 计算。

a $\frac{7}{8}+\frac{1}{4}=$ ________　b $\frac{9}{10}+\frac{1}{5}=$ ________

c $1\frac{2}{3}+\frac{5}{6}=$ ________　d $2\frac{3}{4}+\frac{5}{8}=$ ________

e $1\frac{7}{10}+\frac{4}{5}=$ ________　f $3\frac{7}{9}+\frac{2}{3}=$ ________

9 计算。

a $1\frac{5}{8}-\frac{3}{4}=$ ________　b $2\frac{3}{10}-\frac{1}{2}=$ ________

c $1\frac{5}{12}-\frac{1}{2}=$ ________　d $1\frac{2}{3}-\frac{5}{6}=$ ________

e $2\frac{3}{4}-1\frac{1}{2}=$ ________　f $1\frac{1}{12}-\frac{2}{3}=$ ________

拓展运用

1 观察这几个蛋糕的切块，很容易发现这几块蛋糕能够拼成一个完整的蛋糕。

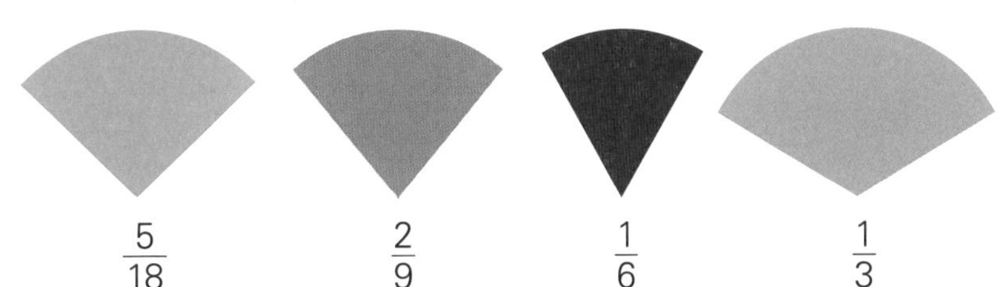

$\frac{5}{18}$　$\frac{2}{9}$　$\frac{1}{6}$　$\frac{1}{3}$

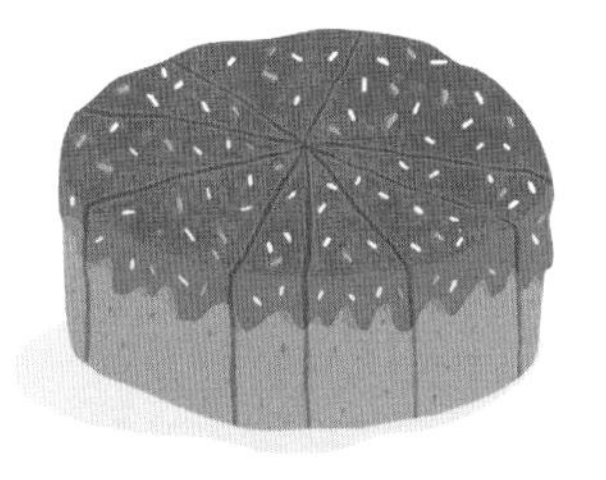

结合分数的大小证明它们加在一起是一个蛋糕。

2 计算下列算式，将结果写成最简分数。

a $\frac{9}{10}+\frac{3}{5}=$ ______

b $1\frac{5}{6}+\frac{7}{12}=$ ______

c $3\frac{1}{4}-1\frac{5}{8}=$ ______

d $1\frac{13}{100}-\frac{1}{10}=$ ______

e $2\frac{5}{12}+3\frac{4}{12}=$ ______

f $3\frac{2}{3}-2\frac{1}{6}=$ ______

g $2\frac{1}{3}+1\frac{1}{4}=$ ______

3 聚会上，四个相同的蛋糕各剩下一部分。其中，一个蛋糕被平均分成了四块，但其他的蛋糕被平分的块数是不同的。已知一共剩下$1\frac{1}{6}$个蛋糕，那么每个蛋糕可能剩下多少？

2.3 小 数

常见的分数

最常见的分数是十分之一、百分之一和千分之一。

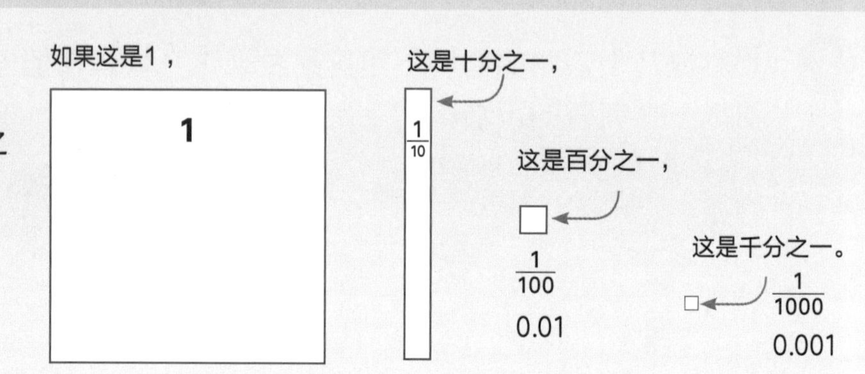

趣味学习

1

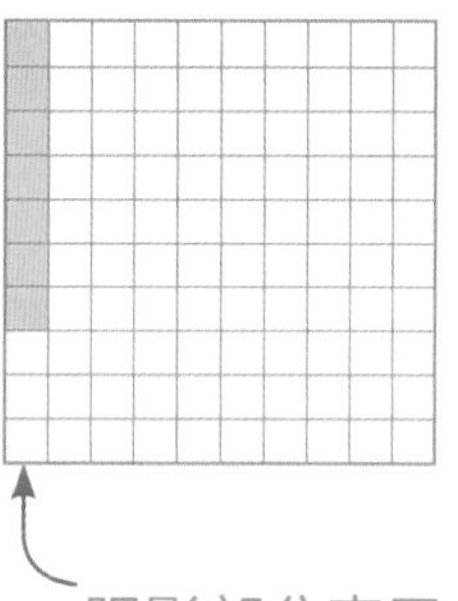

阴影部分表示 $\frac{7}{100}$ 或0.07。

a 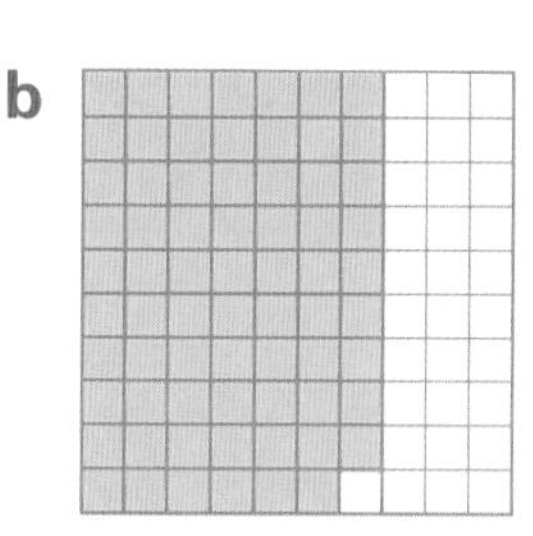

阴影部分表示 ________

b 阴影部分表示 ________

c 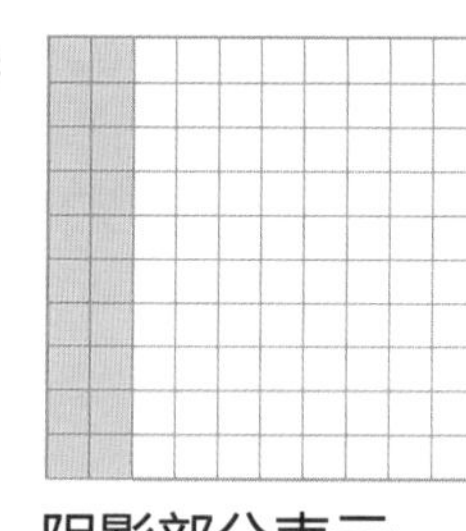

阴影部分表示 ________

2

一罐糖豆有1000颗。

如果你有500颗糖豆，你可以用半罐、$\frac{500}{1000}$ 罐或0.5罐来表示。

下列小数或分数分别代表多少颗糖豆？

a 0.002罐 ________ 颗　　**b** 0.008罐 ________ 颗

c 0.125罐 ________ 颗　　**d** $\frac{200}{1000}$ 罐 ________ 颗

e $\frac{75}{1000}$ 罐 ________ 颗　　**f** 0.009罐 ________ 颗

g 0.099罐 ________ 颗　　**h** 0.999罐 ________ 颗

i 0.001罐 ________ 颗　　**j** 0.01罐 ________ 颗

k 0.1罐 ________ 颗　　**l** 0.25罐 ________ 颗

独立练习

1 用阴影表示小数或分数。

a 0.05

b 0.35

c $\frac{33}{100}$

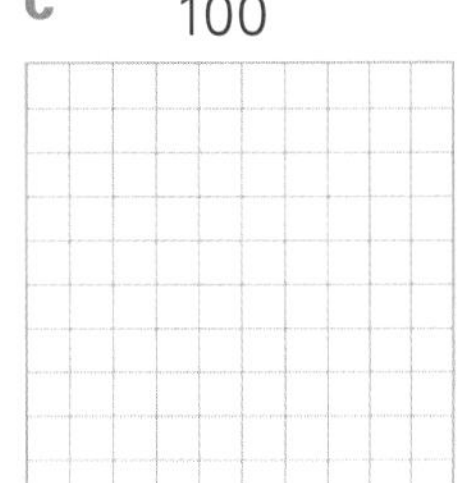

d 0.9

2 判断对错。

a $0.5 > 0.05$ ______

b $\frac{7}{1000} < 0.007$ ______

c $\frac{17}{100} = 0.17$ ______

d $0.009 > 0.01$ ______

e $\frac{175}{1000} = 0.175$ ______

f $\frac{1}{4} > 0.025$ ______

g $0.04 = \frac{4}{1000}$ ______

h $1.001 > 0.99$ ______

i $3.25 = 3\frac{1}{4}$ ______

j $5.052 > 5.502$ ______

k $2.430 > 2.43$ ______

l $9.999 < 10$ ______

3

a 用红色表示0.15。

b 用黄色表示0.05。

c 用蓝色表示0.45。

d 用绿色表示十分之一。

e 将未涂色的部分用分数或小数表示。

______

4 将下列各数按照从小到大的顺序排列。

0.45　0.145　0.415　0.451　0.045

______　______　______　______　______

5 填写表格。

	分数	小数
	$\frac{1}{2}$	0.5
a	$\frac{3}{4}$	
b		0.1
c		0.3
d	$\frac{9}{100}$	
e		0.405
f	$\frac{250}{1000}$	
g	$\frac{99}{1000}$	
h		0.01

6 把下列假分数转化成带分数，再化成小数。

	假分数	带分数	小数
	$\frac{5}{4}$	$1\frac{1}{4}$	1.25
a	$\frac{7}{4}$		
b	$\frac{13}{10}$		
c	$\frac{125}{100}$		
d	$\frac{450}{100}$		
e	$\frac{275}{100}$		
f	$\frac{1250}{1000}$		

拓展运用

1 将下列分数转化成小数，小数转化成分数。

a $\frac{1}{10}$ = ______　　b $\frac{1}{4}$ = ______　　c $\frac{7}{10}$ = ______

d 0.01 = ______　　e 0.75 = ______　　f 0.001 = ______

2 用分子除以分母，就可以把分数转化成小数。例如：1 ÷ 2=0.5。把下列分数转化成小数。

a $\frac{1}{5}$ = ______　　b $\frac{1}{8}$ = ______

c $\frac{3}{4}$ = ______　　d $\frac{3}{8}$ = ______

e $\frac{4}{5}$ = ______　　f $\frac{7}{8}$ = ______

3 $\frac{1}{3}$ 用小数表示时，就没那么简单了。列算式计算或者用计算器算出与$\frac{1}{3}$ 相等的小数。

______

4 一个数的小数部分从某一位起，一个数字或者几个数字依次不断重复出现，这样的小数叫作循环小数。要想表示这部分重复出现的数字，可以在循环出现的数字上方点上点。找到与$\frac{1}{6}$相等的小数，然后在循环出现的数字上方点上点。

5 有些分数可以转化成很长的小数。找到与 $\frac{1}{7}$ 相等的小数，然后用四舍五入的方法求出它的近似数（精确到小数点后第三位）。

2.4 小数的加法和减法

可以像计算整数加减法一样进行小数加减法的计算。

	3	1	4
+	1	7	3
	4	8	7

	3.	1	4
+	1.	7	3
	4.	8	7

当小数数位不同时，一定要保证小数数位对齐。

	2	3	1	7
+		5	9	7
	2	9	1	4

	2	3.	1	7
+	5	9.	7	
	8	2.	8	7

趣味学习

小数点并没有让计算变得多麻烦，但是对结果有重大影响。

1 计算。

a

	2	5	3	7
+	1	6	2	9

b

	2	5.	3	7
+	1	6.	2	9
		.		

2 数位对齐，并计算结果。

a 32.8 + 12.4

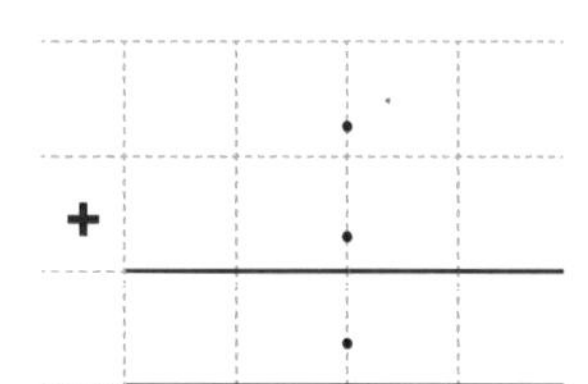

b 2.47 + 1.9

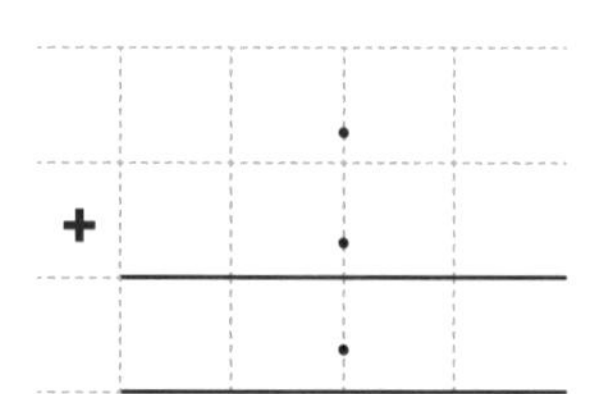

c 24.74 + 4.38

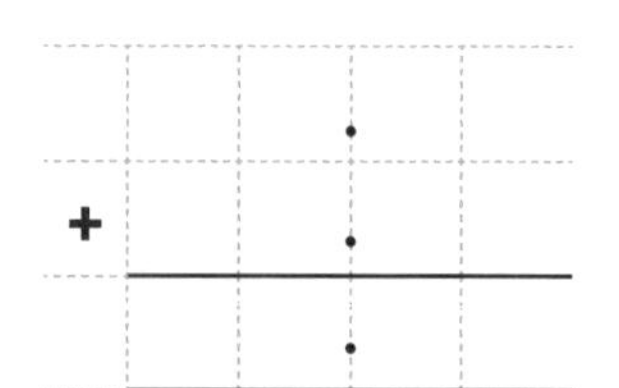

d 75.9 – 23.6

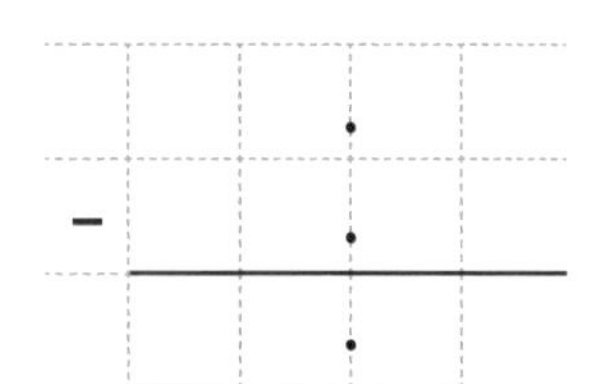

e 4.45 – 2.7

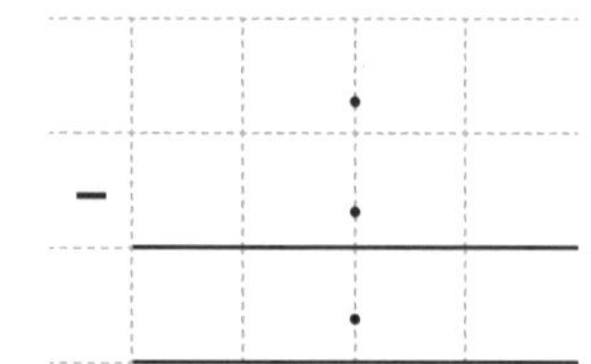

f 36.25 – 9.28

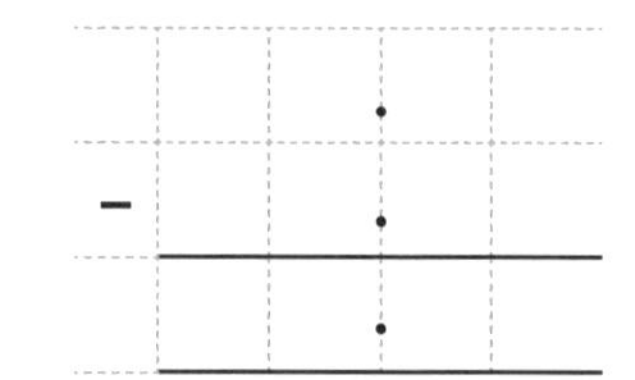

独立练习

1 计算。

a

		2	.	5	4
+		3	.	4	8
			.		

b

		4	.	3	9
+		4	.	9	7
			.		

c

	3	5	.	1	8	7
+	2	8	.	7	4	9
			.			

d

	8	2	.	5	
−	3	2	.	4	
			.		

e

		4	.	2	8
−		2	.	7	3
			.		

f

	4	3	.	0	5	6
−	3	5	.	4	6	3
			.			

g　7.45 – 5.24

–

h　42.7 – 32.8

–

i　46.7 – 29.285

–

---

2 a　23.79元加147.35元。

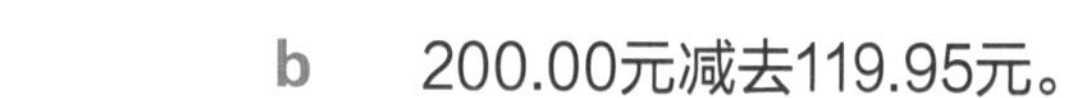

b　200.00元减去119.95元。

---

3 a　求2.54, 17.7 和34.67这三个数的和。

b　3.463kg比$5\frac{3}{4}$kg少多少?

4 学校的田径跑道是50米一圈，山姆能用不到18秒的时间跑两圈。他跑一圈的用时最有可能是哪个答案？

a 82.53 秒

b 9.253 秒

c 92.53 秒

d 8.253 秒

5 比尔正在建一个长73.17米的篱笆。他已经完成了$39\frac{1}{4}$米，还需要建多少米？

6 一个包裹里有4件物品，它们的重量分别是4.45千克、3.325千克、$1\frac{1}{2}$千克、725克。这个包裹的总重量是多少？

7 一卷布有14.36米，剪掉$5\frac{3}{4}$米之后，还剩下多少米？

拓展运用

1 这个等式的答案是9.18。试着找出至少两种方法来完成等式。

a 0.☐ + 4.☐2 + ☐.36 = 9.18

b 0.☐ + 4.☐2 + ☐.36 = 9.18

---

2 你知道人的皮肤和骨头几乎一样重吗？下表列出了一个体重为68千克的成年人的八大器官的重量。

器官	重量/千克
心脏	0.315
肺	1.09
皮肤	10.886
胰腺	0.098
大脑	1.408
脾脏	0.17
肝脏	1.56
肾脏	0.29

a 把器官按从重到轻的顺序排列，重写表格。

器官	重量/千克

b 求心脏和肺的总重量。 ________

c 皮肤比大脑重多少？ ________

d 哪个器官的重量最接近肾脏的重量？ ________

e 右肺比左肺重0.07千克，两个肺的重量分别是多少？ ________

f 肺和胰腺的重量相差多少？ ________

g 一只成年雄性大猩猩的体重约为240千克，但它大脑的重量只有0.465千克。上表中这个人的大脑比大猩猩的大脑重多少？ ________

2.5 小数的乘法和除法

可以像计算整数乘法一样进行小数乘法的计算。

一个整数乘4

长乘法

	2	4
×		4
	1	6
+	8	0
	9	6

短乘法

	2	4
×		4
	9	6

一个小数乘4

长乘法

	2 .	4
×		4
	1 .	6
+	8 .	0
	9 .	6

短乘法

	2 .	4
×		4
	9 .	6

趣味学习

1 a

	1	3	2
×			3

b

	1	3 .	2
×			3
		.	

2 a

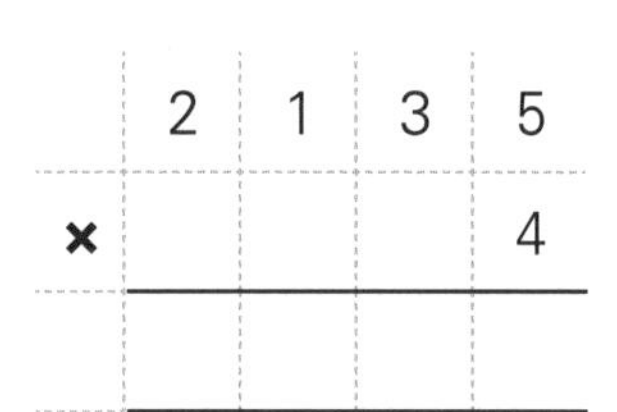

	2	1	3	5
×				4

b

	2	1 .	3	5
×				4
		.		

3 a

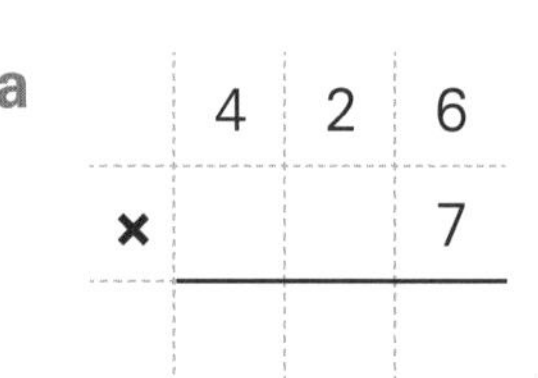

	4	2	6
×			7

b

	4	2 .	6
×			7
		.	

4 a

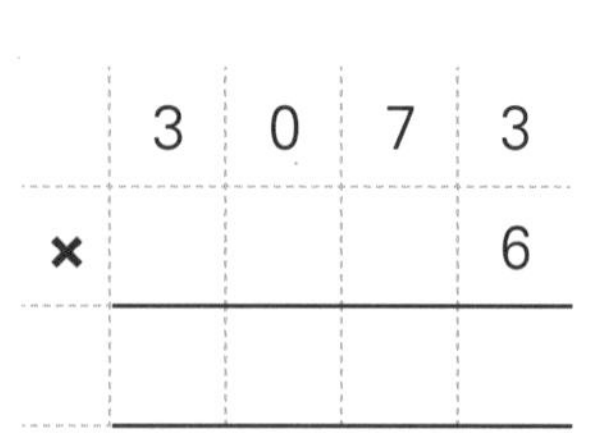

	3	0	7	3
×				6

b

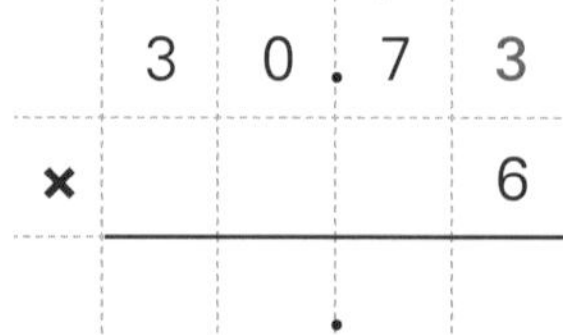
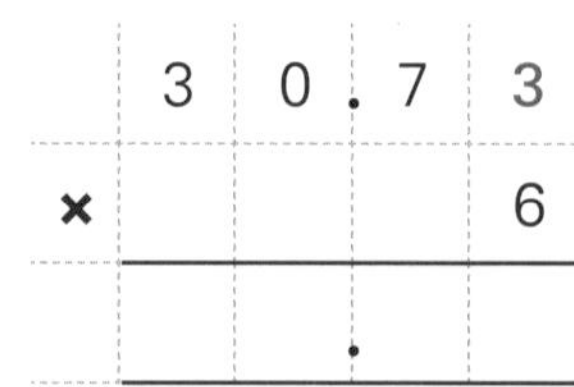

	3	0 .	7	3
×				6
		.		

用3除一个整数

$$3\overline{)249} = 83$$

→ 用3除一个小数

$$3\overline{)24.9} = 8.3$$

5 a $3\overline{)516}$　b $3\overline{)51.6}$

6 a $5\overline{)855}$　b $5\overline{)85.5}$

7 a $7\overline{)574}$　b $7\overline{)57.4}$

8 a $4\overline{)816}$　b $4\overline{)81.6}$

独立练习

记得把小数点点在正确的位置上。

1

a $14.7 \times 3 =$

b $21.4 \times 4 =$

c $31.5 \times 2 =$

d $18.3 \times 5 =$

e $4.32 \times 2 =$

f $2.59 \times 4 =$

g $1.35 \times 6 =$

h $2.57 \times 3 =$

i $12.95 \times 4 =$

j $432.1 \times 2 =$

k $2.575 \times 3 =$

l $13.59 \times 7 =$

2

a $3\overline{)15.9}$

b $6\overline{)72.6}$

c $4\overline{)49.6}$

d $5\overline{)97.5}$

e $5\overline{)5.25}$

f $4\overline{)9.48}$

g $2\overline{)6.38}$

h $7\overline{)84.7}$

i $4\overline{)57.52}$

j $3\overline{)37.41}$

k $8\overline{)20.56}$

l $9\overline{)4.743}$

3 做一做。

a 43.6 × 4

b 54.6 × 6

c 7.39 × 5

d 42.67 × 3

e 46.32 × 7

f 7.456 × 4

g 90.25 × 8

h 62.05 × 9

i 8.035 × 5

4 假设硬币的最小面额为5分。很多物品的售卖价格是无法用硬币准确支付的。比如，你想买一支1.99元的笔，你会实际支付2.00元。那以下情况，你会支付多少钱呢？

a 2支笔 ________

b 4支笔 ________

c 10支笔 ________

5 算出每件物品的价格（假设硬币的最小面额为5分，将结果近似到最小面额）。

a 两个玩具1.99元 ________

b 五顶派对帽7.99元 ________

c 三个奖品8.99元 ________

d 四杯饮料4.99元 ________

拓展运用

1. 皮特在比萨店订购了8个普通比萨，每个8.95元，还订了一个至尊比萨，每个12.95元。总费用是多少？

2. 一根5.4米长的木头被切成等长的9段。每段有多长？

3. 8个人平分500.00元的奖金。每人能得到多少钱？

4. 以下是一组学生（每组6名）为聚会购买物品的清单（最小面额为5分）。

物品名称	单价/元	数量要求	总价/元
软饮	2.25	每名学生半瓶	
果汁	0.84	每名学生一杯	
薯条	1.35	每名学生两份	
巧克力	4.93	每组两包	
甜瓜	3.84	每组一个	
馅饼（每包3个）	8.04	每名学生一个	

a 填写每种物品的总价，想想是否需要取近似数。

b 一组学生所需物品的总费用是多少？________

c 这个甜瓜的价格相当于每人花费多少钱？________

d 这六个学生每人的费用是多少？________

e 一个班上有四组学生，每组6个人。整个班的总费用是多少？________

2.6 小数和10的乘除

小数乘10和整数乘10差不多，数字向高位移动一位。

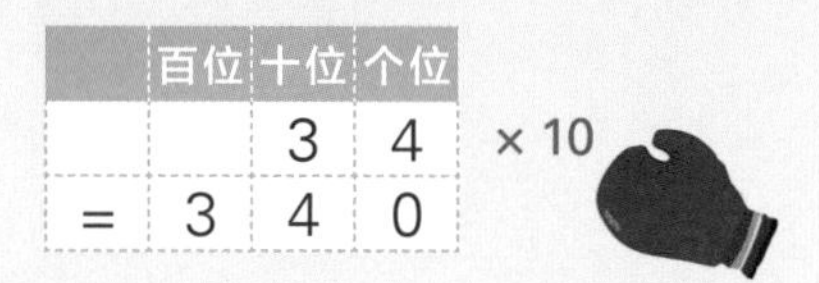

	百位	十位	个位	
		3	4	× 10
=	3	4	0	

区别在于0，你要考虑是否需要写0。

	十位	个位	十分位	
		3	.4	× 10
=	3	4	.0	

34.0和34的大小一样，所以可以写成 3.4 × 10 = 34。

趣味学习

1 a　45 × 10 = ______

b　4.5 × 10 = ______

2 a　74 × 10 = ______

b　7.4 × 10 = ______

3 a　375 × 10 = ______

b　37.5 × 10 = ______

4 a　629 × 10 = ______

b　62.9 × 10 = ______

一个数除以10，数字移动的方向和乘10是相反的。

	百位	十位	个位	
	7	5	0	÷ 10
=		7	5	

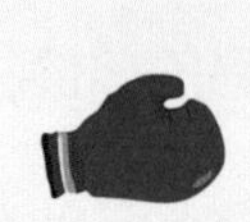

	十位	个位	十分位	
	7	5.		÷ 10
=		7	.5	

5 a　350 ÷ 10 = ______

b　35 ÷ 10 = ______

6 a　740 ÷ 10 = ______

b　74 ÷ 10 = ______

7 a　870 ÷ 10 = ______

b　87 ÷ 10 = ______

8 a　930 ÷ 10 = ______

b　93 ÷ 10 = ______

9 a　32.6 × 10 = ______

b　2.35 × 10 = ______

c　7.892 × 10 = ______

d　65.2 × 10 = ______

10 a　23.5 ÷ 10 = ______

b　42.75 ÷ 10 = ______

c　3.5 ÷ 10 = ______

d　0.2 ÷ 10 = ______

独立练习

乘100，数字向高位移动两位。

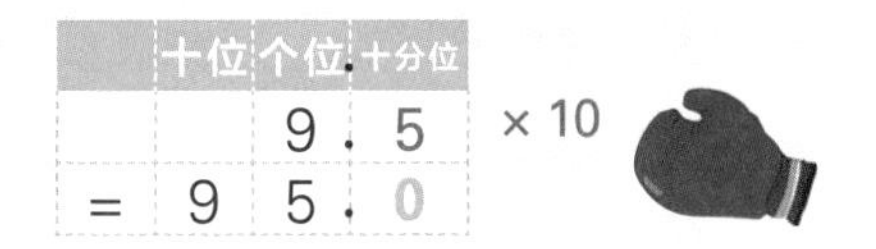

	百位	十位	个位	十分位
			9 .	5
=	9	5	0 .	

× 100

补位

解决下列乘法问题。

1 a　3.5 × 10 = ________

b　3.5 × 100 = ________

2 a　6.7 × 10 = ________

b　6.7 × 100 = ________

3 a　5.38 × 10 = ________

b　5.38 × 100 = ________

4 a　4.09 × 10 = ________

b　4.09 × 100 = ________

一个数除以100，数字向低位移动两位。

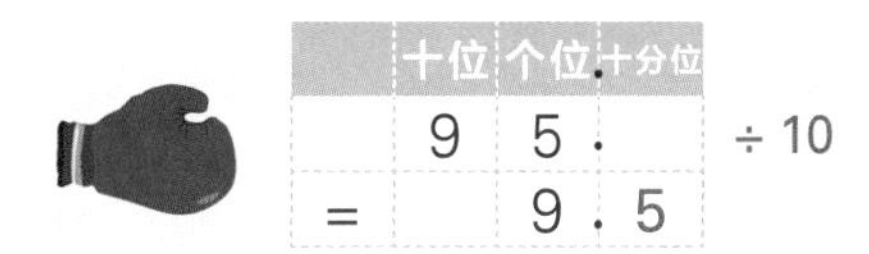

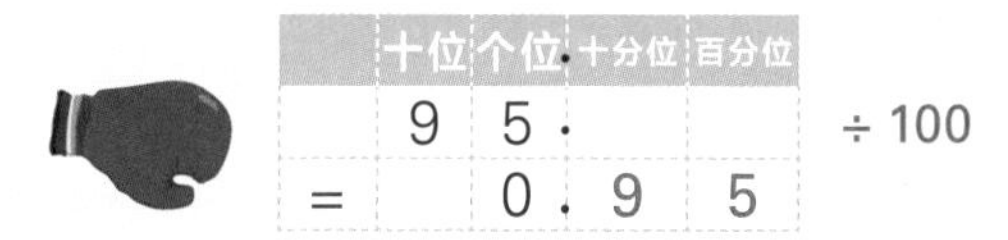

解决下列除法问题。

5 a　4.5 ÷10 = ________

b　4.5 ÷ 100 = ________

6 a　7.9 ÷ 10 = ________

b　7.9 ÷ 100 = ________

7 a　54.5 ÷ 10 = ________

b　54.5 ÷ 100 = ________

8 a　62.7 ÷ 10 = ________

b　62.7 ÷ 100 = ________

解决下列乘法问题。

9 a　2.45 × 10 = ________

b　17.37 × 100 = ________

解决下列除法问题。

10 a　3416.1 ÷ 100 = ________

b　0.1 ÷ 100 = ________

乘或除以1000，将数字向高位或低位移动3位。

乘1000

	千位	百位	十位	个位	十分位
				3.	7
=	3	7	0	0	

× 1000

补位

除以1000

	百位	十位	个位	十分位	百分位	千分位
	1	4	2.			
=			0.	1	4	2

÷ 1000

11 乘1000。

		万位	千位	百位	十位	个位	十分位
a	1.3		1			.	
b	2.6					.	
c	3.57					.	
d	1.27					.	
e	15.47					.	
f	72.95					.	
g	96.3					.	
h	25.4					.	

12 除以1000。

		百位	十位	个位	十分位	百分位	千分位
a	432			0.			
b	529			.			
c	841			.			
d	697			.			
e	1485			.			
f	3028			.			
g	10436			.			
h	99999			.			

13 完成表格。

		×10	×100	×1000
a	1.7			
b	22.95			
c	3.02			
d	4.42			
e	5.793			
f	21.578			
g	33.008			
h	29.005			

14 完成表格。

		÷10	÷100	÷1000
a	74			
b	7			
c	18			
d	325			
e	2967			
f	3682			
g	14562			
h	75208			

拓展运用

1 下面哪一个过程是2.25×0.4的正确计算方法？

☐ $225 \times 4 \times 100$　☐ $2.25 \times 4 \div 100$　☐ $225 \times 4 \div 1000$　☐ $2.25 \times 4 \div 1000$

2 用上题的方法计算。

a $3.12 \times 0.3 =$ ______　**b** $31.2 \times 0.3 =$ ______

c $20.3 \times 0.03 =$ ______　**d** $40.02 \times 0.2 =$ ______

3 在数轴上，从0到500，按照每步跳0.2，一共需要跳多少次？______

4 快餐店有一桶150L的果汁。如果用下列不同容积的杯子分装，要装多少杯？

a 0.25L ______杯　**b** 0.2L ______杯

c 0.15L ______杯　**d** 600mL ______杯

5 商店花132948.00元采购了1000块手表。

a 平均每只手表的价格是多少？______

b 总价的十分之一是保险费。保险费是多少？______

c 有一块手表价值占总价的百分之一。这块表多少钱？______

2.7 百分数、分数和小数

“%”表示百分比。1%读作百分之一，还可以写成

分数: $\frac{1}{100}$

小数: 0.01

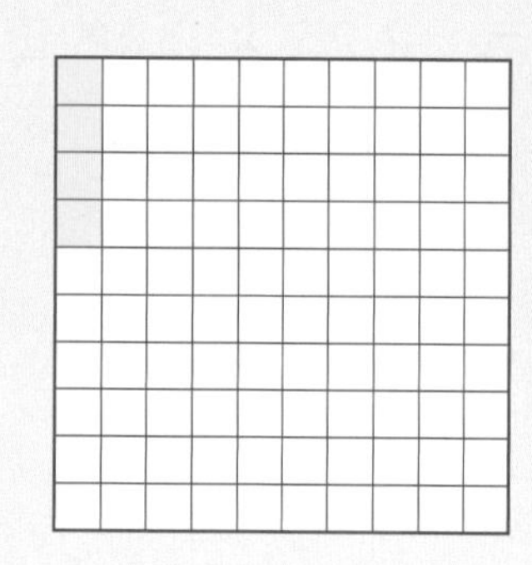

阴影部分表示

分数: $\frac{4}{100}$

小数:0.04

百分数:4%

趣味学习

1 分别用分数、小数和百分数表示阴影部分。

a

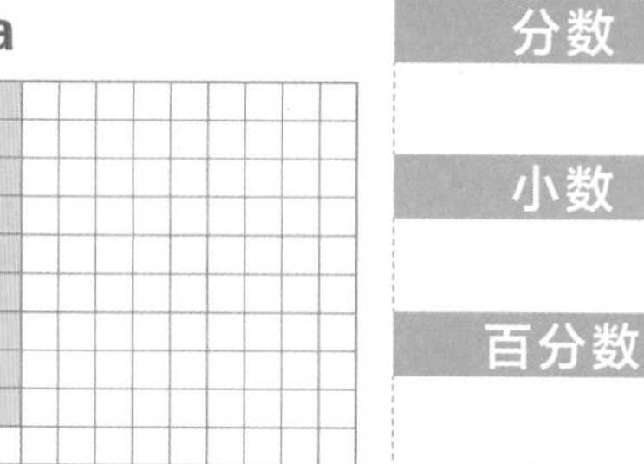

分数

小数

百分数

b

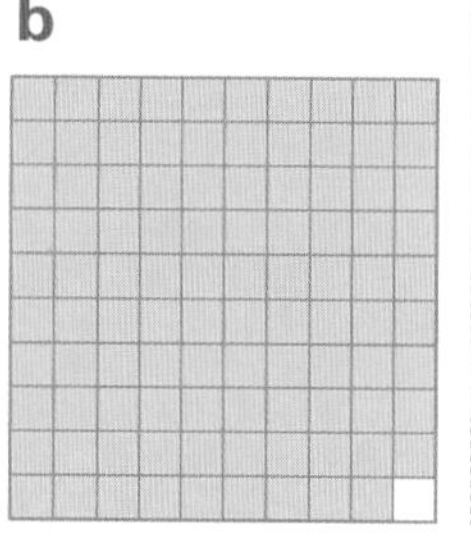

分数

小数

百分数

c

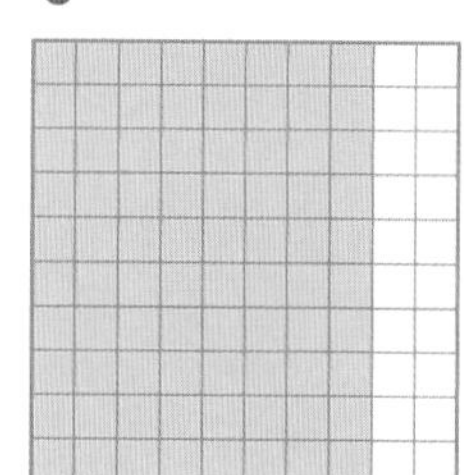

分数

小数

百分数

d

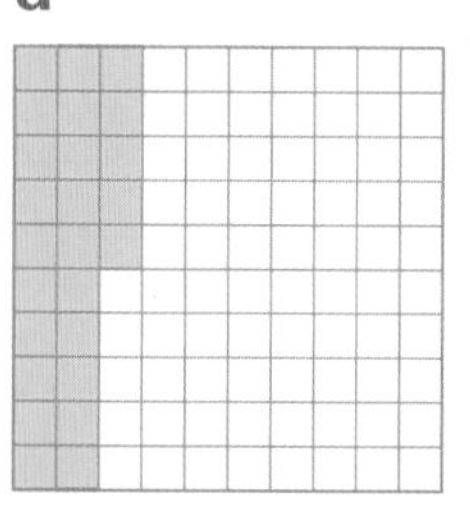

分数

小数

百分数

e

分数

小数

百分数

f

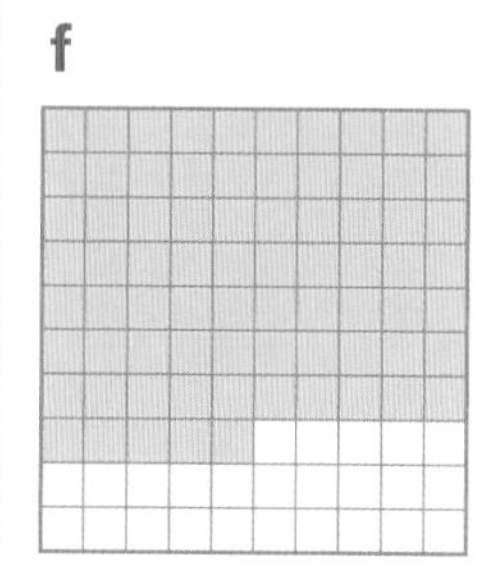

分数

小数

百分数

2 根据下列数据涂色，并填空。

a

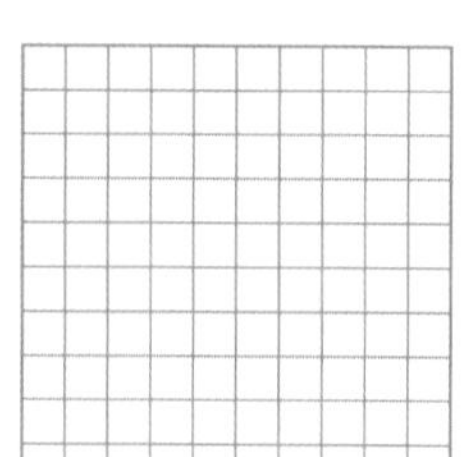

分数

$\frac{2}{100}$

小数

百分数

b

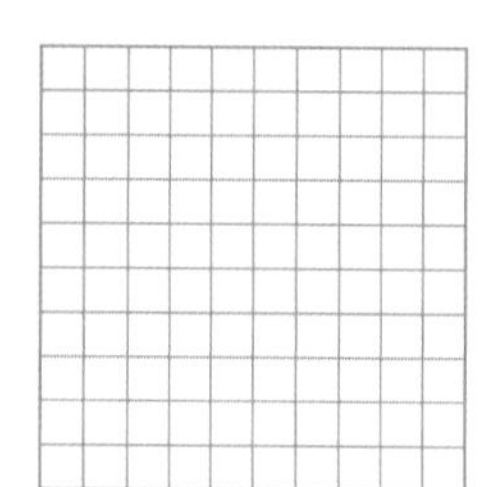

分数

小数

0.2

百分数

c

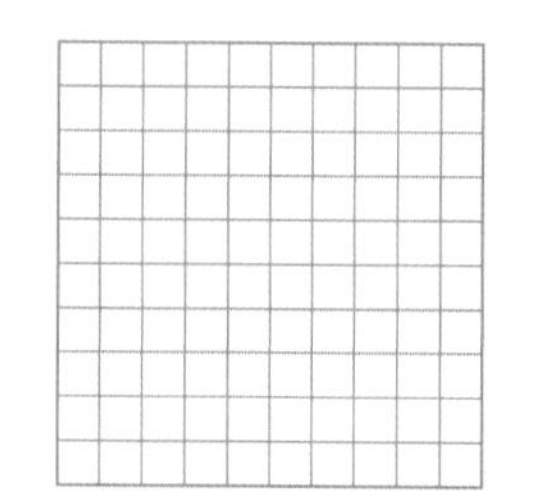

分数

小数

百分数

35%

d

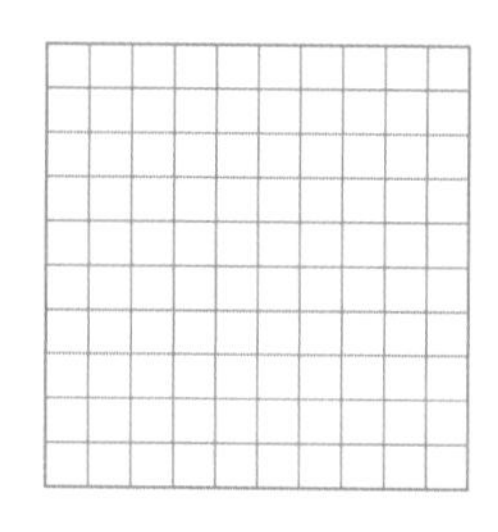

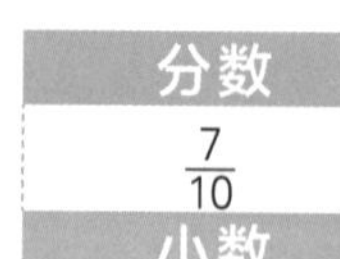

分数

$\frac{7}{10}$

小数

百分数

1%与0.01，$\frac{1}{100}$的大小是一样的。

独立练习

1 完成表格。

	分数	小数	百分数
a	$\frac{15}{100}$		
b		0.22	
c			60%
d		0.09	
e	$\frac{9}{10}$		
f			53%
g		0.5	
h	$\frac{1}{4}$		
i		0.04	
j			75%
k	$\frac{1}{5}$		

2 判断对错。

a $30\% = 0.3$ ______

b $0.04 < 40\%$ ______

c $0.12 > \frac{12}{100}$ ______

d $25\% = \frac{1}{4}$ ______

e $\frac{3}{4} < 75\%$ ______

f $0.9 = 9\%$ ______

g $\frac{2}{10} > 20\%$ ______

h $95\% = 0.95$ ______

i $100\% = 1$ ______

3 从小到大排列。

a 0.3　20%　$\frac{1}{4}$ ______

b 0.07　69%　$\frac{6}{10}$ ______

c 17%　0.2　$\frac{2}{100}$ ______

d $\frac{1}{4}$　4%　0.14 ______

e 10%　$\frac{1}{5}$　0.5 ______

f 39%　0.395　$\frac{3}{10}$ ______

4 找到大小相等的分数、小数和百分数，并用同一种颜色做好标记。

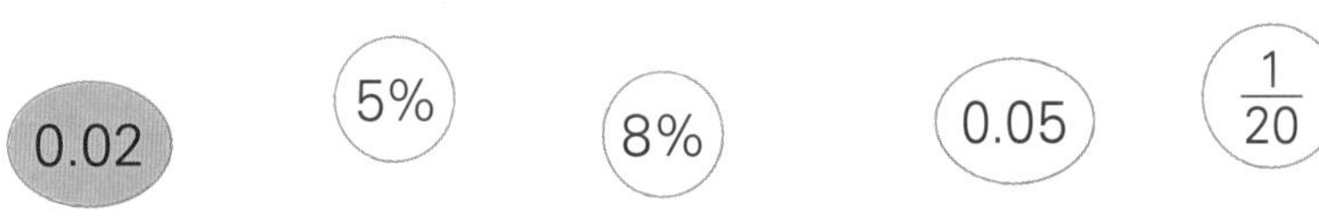

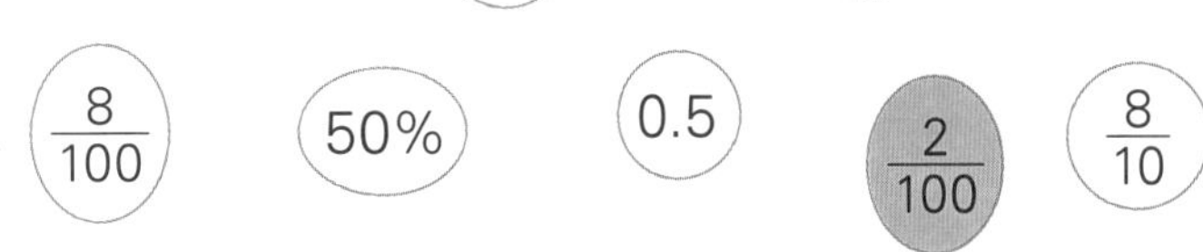

0.8　$\frac{1}{2}$　0.08　2%　80%

5 填空。

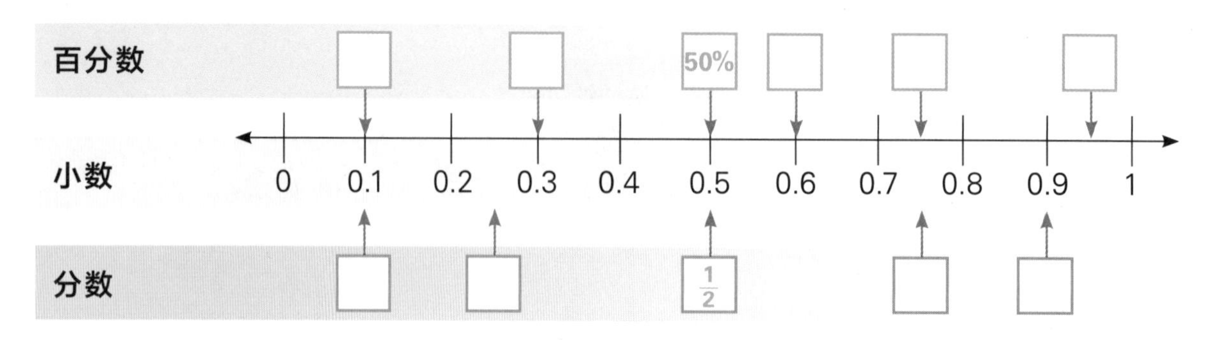

6 圈出与下列图形所在位置最有可能对应的百分数。

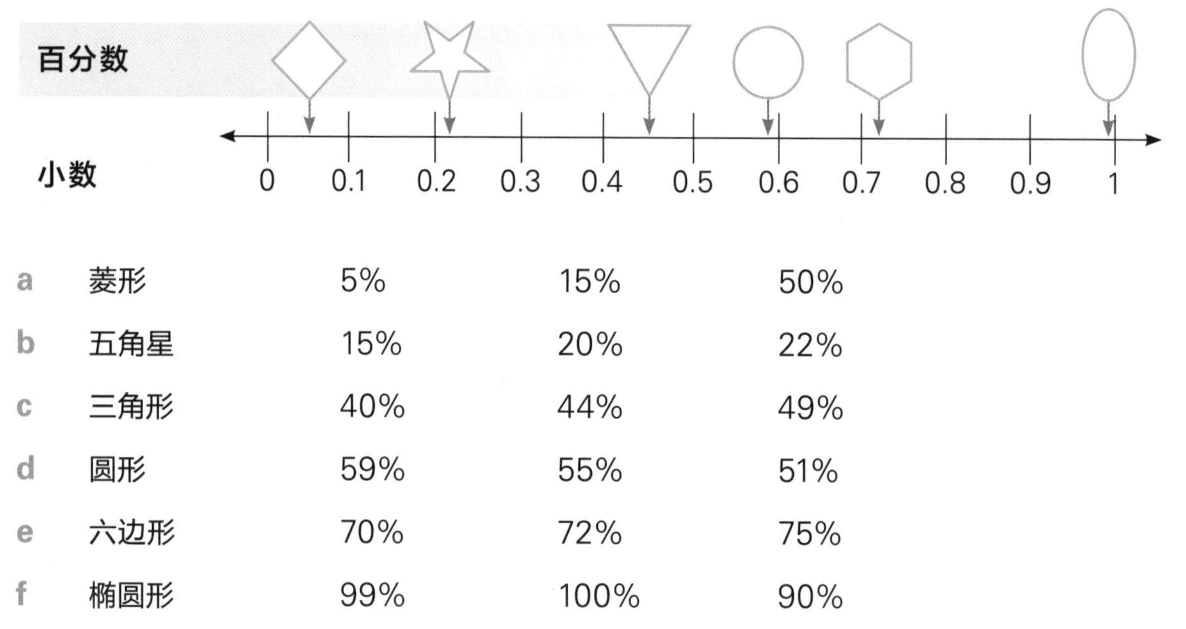

a	菱形	5%	15%	50%
b	五角星	15%	20%	22%
c	三角形	40%	44%	49%
d	圆形	59%	55%	51%
e	六边形	70%	72%	75%
f	椭圆形	99%	100%	90%

7 在上题的数轴上画一个笑脸和一个箭头，要求画在85%的位置上。

8 正方形在数轴10%的位置上。其他图形呢?

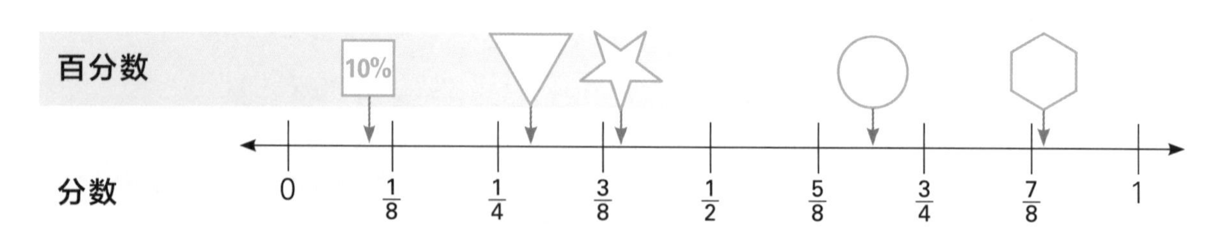

a 三角形 ________ b 五角星 ________

c 圆形 ________ d 六边形 ________

拓展运用

阅读下面关于澳大利亚的信息，然后列出算式并计算出答案，你会知道6个关于澳大利亚的真相。

1. 澳大利亚大约有2800万头牛，大约是世界上所有牛的$\frac{1}{50}$。那么，世界上有百分之多少的牛在澳大利亚？

2. 澳大利亚有378种哺乳动物，其中80%未在其他地方发现。把80%转化成分数，用最简形式表示。

3. 大约25%的澳大利亚人住在维多利亚州。2009年澳大利亚的人口达到了2200万。那么2009年维多利亚州的人口大约是多少？

4. 澳大利亚有7900万只羊，占了全世界羊数量排名前十的国家总羊数的$\frac{3}{20}$。在排名前十的国家中，澳大利亚的羊占了百分之几？

5. 有些人认为澳大利亚主要是沙漠。事实上，沙漠只覆盖了澳大利亚大约20%的面积。用分数表示澳大利亚被沙漠覆盖的比例(用最简形式)。

6. 世界上有5594种濒危物种，其中澳大利亚有749种。那么，澳大利亚的濒危物种占世界上所有濒危物种的百分之几？请圈出正确的答案。

- 约1%
- 约3%
- 约8%
- 约13%

澳大利亚听起来是个很有意思的地方！

比可以用来比较数或数量的关系。在下面的例子中，有6个笑脸和4个悲伤脸。

笑脸和悲伤脸的数量比是6比4，写成6:4。

趣味学习

1 写出笑脸和悲伤脸的数量比。

		笑脸和悲伤脸的数量比
		6:4
a		
b		
c		

2 在第一个例子中，6:4的最简比形式是3:2，也就是3个笑脸对应2个悲伤脸。写出下面笑脸和悲伤脸的数量比，用最简的形式表示。

		最简整数比
		3:2
a		
b		
c		
d		
e		
f		
g		

找最简比的方法和找最简分数的方法一样。

独立练习

1 有一包粉色糖豆和一包紫色糖豆，粉色糖豆和紫色糖豆的数量比是2∶3。这意味着2颗粉色的糖豆对应3颗紫色的糖豆。

如果一共有8颗粉色糖豆，我们可以用粉色糖豆和紫色糖豆的数量比是2∶3计算出紫色糖豆的数量，也可以画图求解。

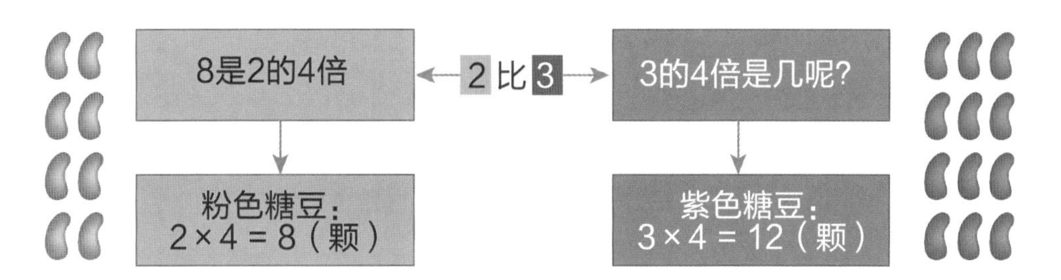

粉色糖豆和紫色糖豆的数量比是2∶3，计算出罐子里紫色糖豆的数量。

a　6颗粉色 ________　　b　10颗粉色 ________　　c　16颗粉色 ________

2 粉色糖豆和紫色糖豆的数量比是2∶3，计算出罐子里粉色糖豆的数量。

a　9颗紫色 ________　　b　15颗紫色 ________　　c　30颗紫色 ________

3 比也可以表示两个以上的数的关系。下面这个图案中的每个蓝色方块对应2个黄色方块和3个绿色方块。蓝色、黄色、绿色方块的数量比就是1∶2∶3。

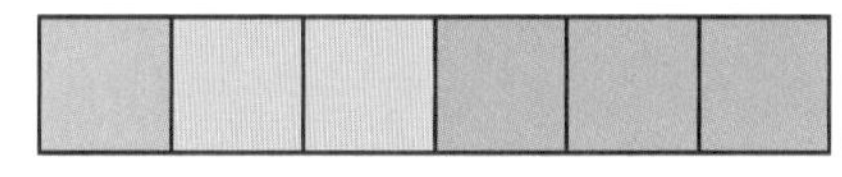

下面蓝方块、黄方块、绿方块的数量比(用最简形式)是多少?

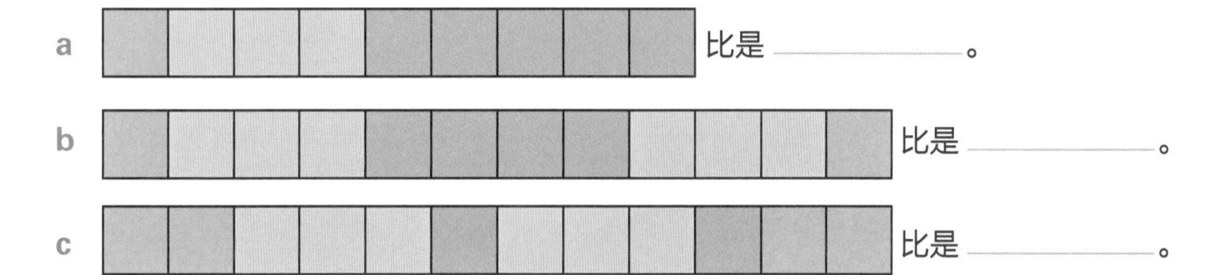

a　比是 ________。

b　比是 ________。

c　比是 ________。

4 给下图方块涂色，涂满所有的格子，使蓝色方块、黄色方块、绿色方块的数量比为3∶1∶2。

5 看图回答问题。

a 说一说这个图形的规律。______

b 用比表示黄色、红色、蓝色珠子的数量关系。______

6 这条项链有24颗珠子。任选一个数量比，用红色、绿色和蓝色涂色表示。

a 说一说这个图形的规律。______

b 用比表示三种颜色的珠子的数量关系。______

7 乔做了8个煎饼，用了120克面粉、250毫升牛奶和一个鸡蛋。用“比”的知识完成表格，帮助乔算出做不同数量煎饼所需要的原料数量。

面粉	牛奶	鸡蛋	煎饼的数量
120g	250mL	1个	8个
240g			
		4个	
	1.5L		
			4个

8 凯特养了18只绵羊、48只山羊、6匹马和12只鸭子。

a 用最简比形式表示凯特的绵羊、山羊、马和鸭子的数量比。

______

b 佐伊和凯特有相同种类的动物，各种类的数量比也是相同的。佐伊有4只鸭子，其他动物佐伊各有多少只?

______

拓展运用

占比

占比和“比”不同，它表示部分和整体的数量关系。

1 草莓和香蕉的数量比是1:3。

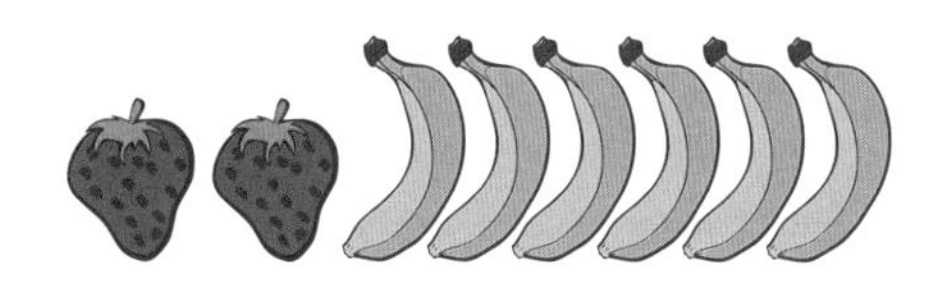

为了求草莓的占比，我们发现水果的总数是8个，草莓的数量是2个，草莓占了全部的$\frac{2}{8}$，可以化简为$\frac{1}{4}$，所以草莓的占比就是$\frac{1}{4}$。占比也可以写成百分数或小数。

用下列方式表示香蕉的占比。

a 分数 ______ **b** 百分数 ______ **c** 小数 ______

---

2 箱子里有20个水果，橘子和苹果的数量比是1:4。我们可以用“比”和“占比”来计算橘子和苹果的数量。

将橘子和苹果份数相加：1 + 4 = 5，这意味着总共有5份。橘子的占比是$\frac{1}{5}$，苹果的占比是$\frac{4}{5}$。20的$\frac{1}{5}$是4，所以有4个橘子；20的$\frac{4}{5}$是16，所以有16个苹果。

如果总数是下列情况，每个箱子里有多少个橘子和苹果?

a 10	**b** 25	**c** 50	**d** 35
橘子：______	橘子：______	橘子：______	橘子：______
苹果：______	苹果：______	苹果：______	苹果：______

---

3 根据下列信息计算出每个箱子里橘子和苹果的数量。

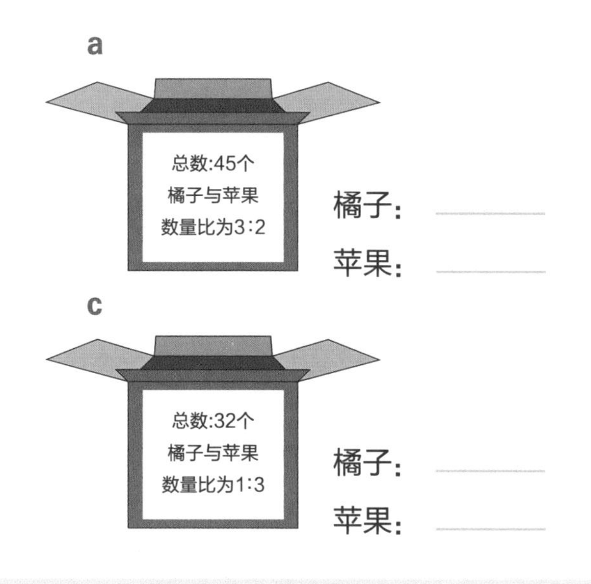

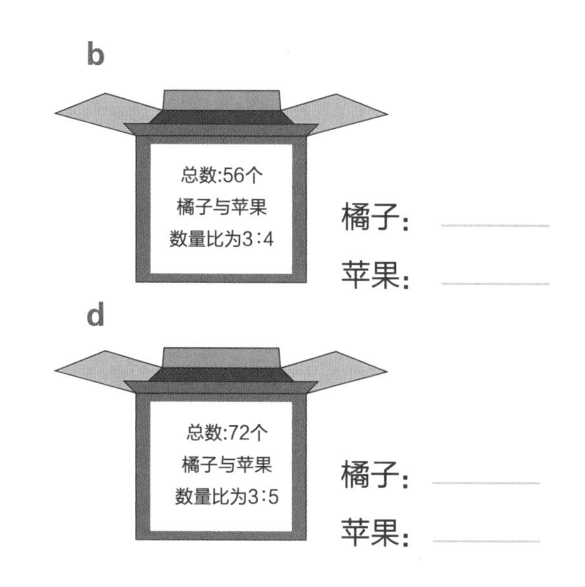

图形无处不在，用木棒可以摆放成右侧的图案。我们可以这样描述这组图形：每个五边形用了5根木棒。

趣味学习

1 填写表格。

	图形	规律	使用的木棒数量
a		每个五边形 需要____根木棒	4 × □ = □
b		每个菱形 需要____根木棒	□ × □ = □

2 按照规律填写表格。

序号	1	2	3	4	5	6	7	8	9
数	10	9.5	9	8.5					

规律：________________

3 我们也可以用流程图来表示数学规律。使用右侧的流程图写出下列各数是否可以被4整除。

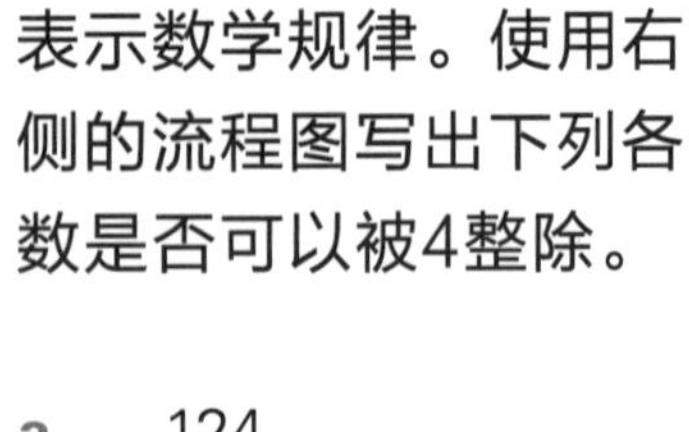

a　124 ________

b　516 ________

c　4442 ________

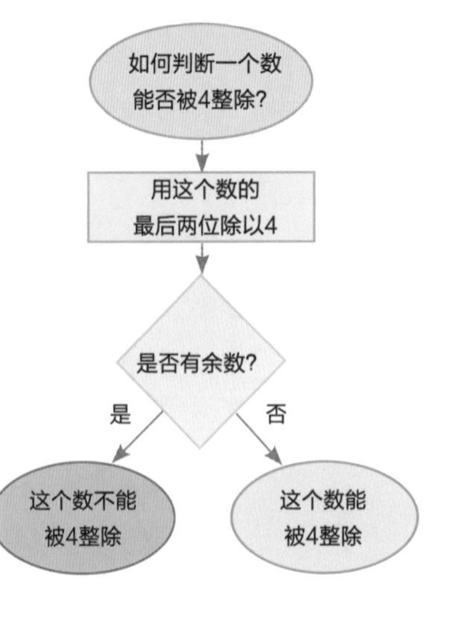

4 这个流程图中的菱形里应该写什么问题？

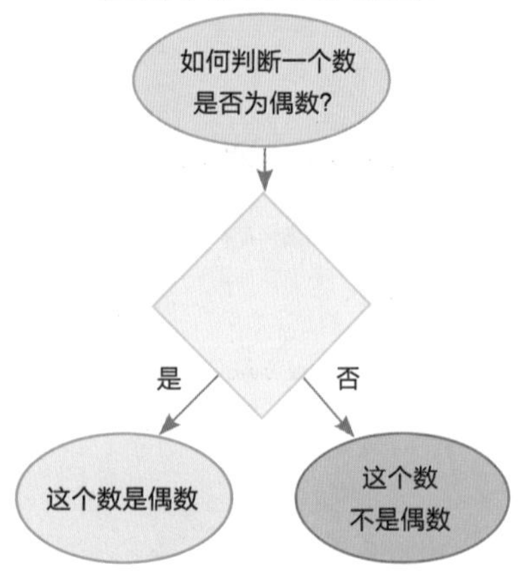

____

独立练习

1 这种图形不能描述成每个正方形用了4根木棒。为什么呢？

____

要描述这种图形，你需要看看它是怎么围成的。

1 +3 +3 +3

从1根木棒开始，再用3根木棒来围成正方形。三个正方形一共用了多少根木棒？

1+3 × 3=1+9=10

2 填写表格。

	图形	规律	需要多少根木棒
a		一开始用1根木棒，然后再用3根木棒围成正方形。	1 + 4 × 3 = 1 + 12 = □
b			1 + □ × 3 = 1 + □ = □
c			

3 判断下面这个图形的描述方式是否正确。

□ 一开始用1根木棒，再用2根木棒围成三角形。

□ 第一个三角形用3根木棒，其他每个三角形用2根木棒。

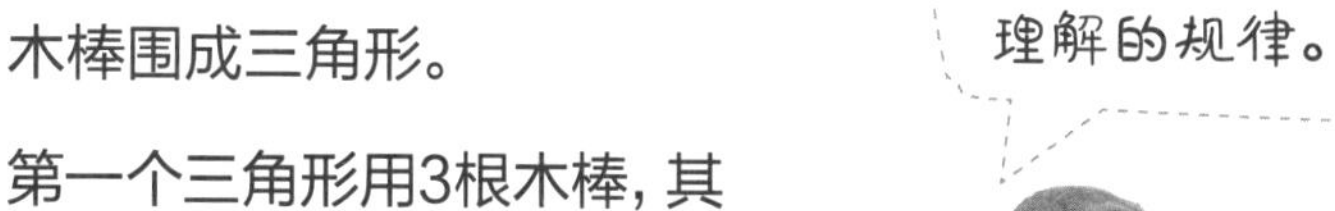

尝试总结容易理解的规律。

4 用简单的方法描述每个图形的规律。

	图形	规律
a		
b		
c		
d		

5 根据规律完成表格。

规律：数等于序号乘3，再减去1。

序号	1	2	3	4	5	6	7	8	9	10
数	2									

6 完成表格，并且写出这个数列的规律。

序号	1	2	3	4	5	6	7	8	9	10
数	1	4	9	16						

____

7 这个流程图展示了一个整数除法运算的步骤。

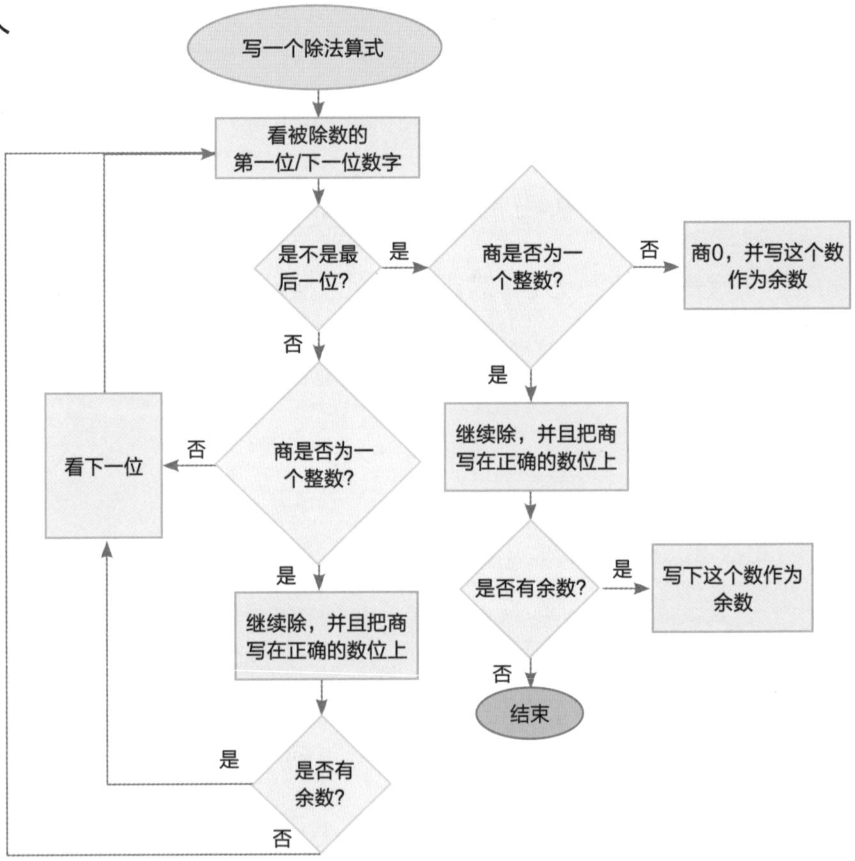

被除数就是要被平均分的数。

除数就是平均分的数。

整数的除法中，商就是一个数被平均分后的整数部分。

写一个除法算式

看被除数的第一位/下一位数字

是不是最后一位?

是

商是否为一个整数?

否

商0，并写这个数作为余数

是

继续除，并且把商写在正确的数位上

是否有余数?

是

写下这个数作为余数

否

结束

否

商是否为一个整数?

否

看下一位

是

继续除，并且把商写在正确的数位上

是否有余数?

是

否

根据这个流程图完成下列除法计算。

a $3\overline{)344}$　　b $4\overline{)548}$　　c $3\overline{)259}$

8 要知道一个数是否能被3整除，你可以把每个数位的数字相加。如果相加的和能被3整除，那么这个数能被3整除。请你设计一个流程图，展示判断一个数是否能被3整除的步骤。在给别人使用之前，你自己先试试。

拓展运用

假如你正在组织一个聚会，桌子该如何摆放呢？
有下列要求:

- 桌子的每边只能坐一个人。
- 用n表示人数，t表示桌子数。

---

1 桌子一般是长方形的。如果桌子是间隔分开摆放的，可入坐人数的公式是$n = t \times 4$。使用这个公式，计算以下数量的桌子分别可以坐多少人。

a 8张桌子 ________　　b 10张桌子 ________　　c 20张桌子 ________　　d 50张桌子 ________

---

2 在聚会上，桌子通常是首尾相连的。

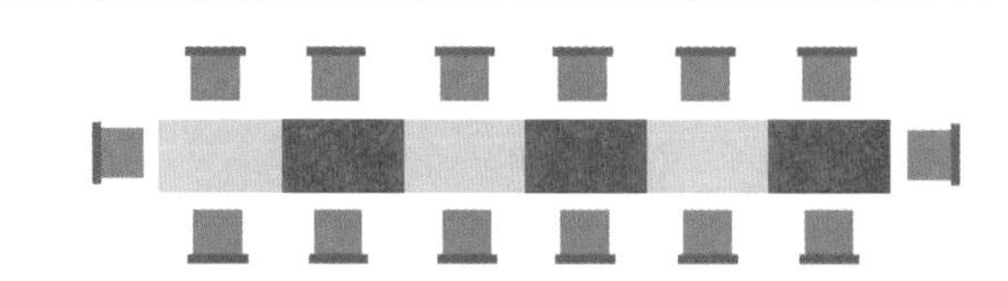

a 像这样摆放的4张桌子能坐多少人？________

b 写一个通用公式来表示首尾相连摆放任意数量的桌子，可以入坐的人数。

____

c 按照这种排列方式计算第1题的桌子数分别可以入坐的人数。

Ⓐ ☐　Ⓑ ☐　Ⓒ ☐　Ⓓ ☐

---

3 如果桌子是这样排列的，下列桌子数量分别可以坐多少人？

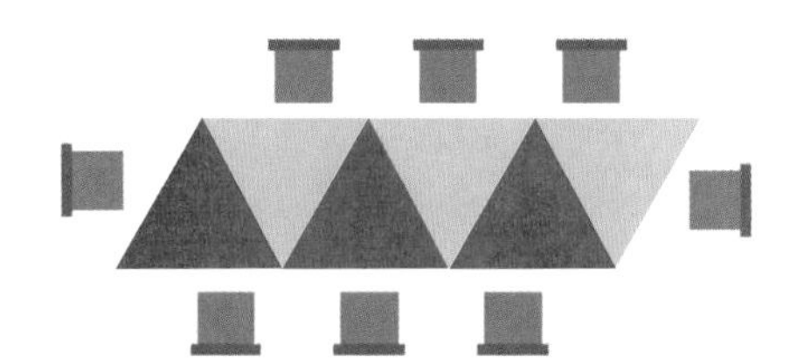

a 5张桌子 ________　　b 7张桌子 ________

c 10张桌子 ________　　d 20张桌子 ________

---

4 a 给第3题的座位安排方法写一个通用的公式，表示桌子数量和能够入坐人数的关系。

____

b 使用第3题的座位安排方法，要让24个同学都入坐，需要几张桌子？________

4.2 运算法则

不管用哪种顺序计算2 + 5 − 3，
答案都是4。
但有时计算顺序很重要。

以下法则说明了运算顺序。

1	如果只有加减或只有乘除	从左往右计算
2	如果同时有加减和乘除	先算乘除，再算加减
3	如果同时有加减、乘除、乘方或开方	先算乘方或开方，再算乘除，再算加减
4	如果有括号	先算括号里面的运算
5	如果括号里面包含多种运算	也要先算乘方或开方，再算乘除，再算加减

趣味学习

1 上面对话框里的问题，哪个答案是正确的？

2

a $3 + 2 \times 2 = 3 + 4 =$ ______ b $(3 + 2) \times 2 =$ ______

c $6 \times 4 - 3 =$ ______ d $6 \times (4 - 3) =$ ______

e $48 \div 8 - 2 =$ ______ f $48 \div (8 - 2) =$ ______

g $8 + 12 \div 2 =$ ______ h $(8 + 12) \div 2 =$ ______

3

a $8 \times \frac{1}{2} \times 3 = 4 \times 3 =$ ______ b $\frac{1}{2} \times (8 \times 3) =$ ______

c $\frac{1}{2} \times 6 + 3 =$ ______ d $\frac{1}{2} \times (6 + 3) =$ ______

e $4^2 + 5 =$ ______ f $5^2 + 4 =$ ______

g $3 \times 2^2 =$ ______ h $(3 \times 2)^2 =$ ______

4

a $3 \times (10 - 5) =$ ______ b $\frac{1}{4} \times 20 \times 2 =$ ______

c $5 + 6 \div 2 =$ ______ d $\frac{1}{2} \times 24 \div 6 =$ ______

e $(7^2 + 1) \times 2 =$ ______ f $3 \times 12 \div 2 =$ ______

g $\frac{1}{2} \times 10 \times 2^2 =$ ______ h $5 + (10 - 5)^2 =$ ______

独立练习

等式是由两个算式组成的，这两个算式的结果相等。

$5 \times 4 = 15 + 5$

1 完成下列等式。

a $5 \times 2 =$ ____ $+ 8$

b ____ $\times 5 = 30 - 5$

c $24 \div 2 = 4 \times$ ____

d ____ $+ 7 = (4 + 5) \times 3$

e $6 \times \frac{1}{2} + 5 = 24 \div$ ____

2 可以用等式来拆分乘数使乘法变得更简单。

	算式		拆分乘数		算一算		答案
	27 × 3	=	(20 × 3) + (7 × 3)	=	60 + 21	=	81
a	23 × 4	=	(20 × 4) + (3 × 4)	=		=	
b	19 × 7	=		=		=	
c	48 × 5	=		=		=	
d	37 × 6	=		=		=	
e	29 × 5	=		=		=	
f	43 × 7	=		=		=	
g	54 × 9	=		=		=	

3 可以改变运算顺序来计算。

	算式		改变运算顺序		算一算		答案
	20 × 17 × 5	=	20 × 5 × 17	=	100 × 17	=	1700
a	20 × 13 × 5	=	20 × 5 × 13	=		=	
b	25 × 14 × 4	=		=		=	
c	5 × 19 × 2	=		=		=	
d	25 × 7 × 4	=		=		=	
e	60 × 12 × 5	=		=		=	
f	5 × 18 × 2	=		=		=	
g	25 × 7 × 8	=		=		=	

可以用“反求”来解决问题。例如：为了计算等式◊+3=9中◊代表的数字大小，可以将+3移动到等号另一侧，并且加号要变减号。就得到◊=9−3，所以◊等于6。最后，用等式验算一下：6+3=9。

4 用“反求”改写等式，求出◊的大小。

	算式	反求	◊ 的大小	用等式验算
举例	◊ + 15 = 35	◊ = 35 − 15	20	20 + 15 = 35
a	◊ × 6 = 54	◊ = 54 ÷ 6		
b	◊ + 1.5 = 6			
c	◊ × $\frac{1}{4}$ = 10			
d	◊ × 10 = 45			
e	◊ ÷ 10 = 3.5			
f	◊ ÷ 4 = 1.5			
g	◊ × 100 = 725			

5 另一种求出◊大小的方法，就是在它的位置上放一个数，看看等式是否成立。这个数是◊的“替代品”。例如，◊+4^2=18。用2替换◊，2+4^2是否等于18？是的话，◊=2。

	算式	可替换◊的数				验算
举例	◊^{2} × 3 = 75	4	5	6	7	5^2 × 3 = 25 × 3 = 75
a	◊ × 3 + 5 = 32	8	9	10	11	
b	54 ÷ ◊ − 5 = 1	9	10	11	12	
c	2 × ◊ + 5 = 15	2	3	4	5	
d	15 ÷ ◊ − 1.5 = 0	5	10	15	20	
e	24 × 10 − ◊ = 228	12	14	16	18	
f	◊ ÷ 2 = 4^2 + 3	35	36	37	38	
g	(5 + ◊) × 10 = 25 × 3	1.5	2	2.5	3	

拓展运用

写等式可以让数字谜变得更简单。例如，猜一个数，如果把它翻倍再加3，答案是11。我们可以用◊代替这个数，然后写一个等式：◊× 2+3=11。要解决这个等式，我们可以用“反求”的方法：◊× 2=11−3。因此，◊× 2=8。再次使用“反求”，◊=8 ÷ 2=4。

1 用等式来解决下列问题。

a 猜一个数：这个数的3倍再减去4，答案是11。

____

b 猜一个数：用10乘这个数再减去15，答案是19。

____

2 计算器会遵循运算法则吗？用1 + 2 × 4来试一试。按运算法则计算，答案应该是9。现在用计算器试试。如果答案是12，计算器并没有出错，这是为什么？

a 10+2×4−2的答案是多少？________

b 使用普通的计算器会给出什么答案？

____

c 请你用计算器算一下1+2× 4。它给出的答案是什么？________

d 把括号放在10+2×4−2的不同位置计算。

数字挑战

3 使用4个数字4，进行四次操作，可能得到的结果是0，1，2，3，4，5，6，7，8或9。例如：(4 + 4 + 4) ÷ 4 = 3。试着找找答案是如何得来的(方法不唯一)。

度量、形状和空间
第5单元　测量单位　5.1 长　度

日常所用的长度单位有千米(km)、米(m) 、 厘米(cm)和毫米(mm)。它们可以这样相互转化：

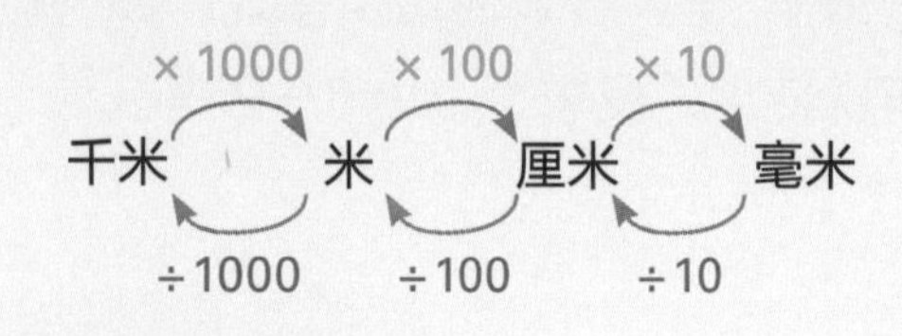

趣味学习

1 完成下列表格。

千米 ⇄ 米（× 1000 / ÷1000）

举例	2千米	2000米
a	4千米	
b		7000米
c		19000米
d	6千米	
e	7.5千米	
f		3500米
g	4.25千米	
h		9750米

2 完成下列表格。

米 ⇄ 厘米（× 100 / ÷100）

举例	2米	200厘米
a		100厘米
b	4米	
c	5.5米	
d		250厘米
e	7.1米	
f		820厘米
g	1.56米	
h		75厘米

3 完成下列表格。

厘米 ⇄ 毫米（× 10 / ÷10）

举例	2厘米	20毫米
a	5厘米	
b	42厘米	
c		90毫米
d	3.2厘米	
e		75毫米
f		125毫米
g	12.4厘米	
h		99毫米

4 用哪个长度单位最合适？

a　一张纸页面的长度　________

b　你的桌子的高度　________

c　一只蚂蚁的长度　________

d　学校礼堂的高度　________

e　一扇门的高度　________

f　马拉松比赛的全程　________

独立练习

1 选择两种适合下列物体的长度。

157m　1.57m　1570m　157mm　15.7cm　0.157km　1.57km　157cm　1.5cm　15mm

		第1种	第2种
a	铅笔的长度		
b	六年级学生的身高		
c	指甲的长度		
d	摩天大楼的高度		
e	自行车的骑行距离		

2 量一量，用三种方法表示长度。

举例 ————	25毫米	2厘米5毫米	2.5厘米
a ————————			
b ————————————————			
c ——————————————————			
d ——————————————			

3 量一量以下物体的长度，用以上三种方法表示长度。

a	一个卷笔刀			
b	一支铅笔			
c	一块橡皮			
d	一根胶棒			
e	一张纸页面的宽度			

4 线段*B*的长是8厘米。

线段*A*
线段*B*
线段*C*

a 估测另外两条线段的长度(不用测量)。

线段*A*大约 ________ 线段*C*大约 ________

b 测量线段*A*和线段*C*的长度，写出它们的长度。

线段*A* ________ 线段*C* ________

5 线段*B*的长度是6厘米。

线段*A*
线段*B* 6cm
线段*C*

a 估测线段*A*和线段*C*的长度。

线段*A*大约 ________ 线段*C*大约 ________

b 测量线段*A*和线段*C*的长度。

线段*A* ________ 线段*C* ________

6 测量并计算下列各个形状的周长。

a 周长= ________

b 周长= ________

c 周长= ________

d 周长= ________

7 写下你在第6题中使用的简便方法。

____

____

____

拓展运用

恐龙的身长要从头到尾测量。事实上，并不是所有的恐龙都是巨大的。下表为估算的恐龙身长。

名字	身长	排名（从长到短）
霸王龙	12.8米	
禽龙	6800毫米	
小盗龙	0.83米	
平头龙	290厘米	
跳龙	590毫米	
普尔塔龙	3700厘米	
长脚龙	3500毫米	
小厚头龙	50厘米	

1 按照身长从长到短的顺序给恐龙编号，填在表中。

2 说出一种现存动物的名字，它和最小恐龙的身长差不多。

3 哪一种恐龙的身长比长脚龙的身长大约长10倍？

4 如果身长最高的恐龙躺在地上，大约等长于多少个六年级学生的身高？

5 你的身高和小盗龙的身长相差多少？

6 画一个周长是68毫米的矩形。

5.2 面　积

面积是指物体表面的大小。
常用的面积单位有平方厘米(cm^2)、平方米(m^2)、公顷(hm^2)和平方千米 (km^2)。

趣味学习

1 这个长方形被分成了多个1 平方厘米的正方形。

面积是 ____ 平方厘米。

2 这个长方形的一部分被分成了若干个1 平方厘米的正方形。

面积是 ____ 平方厘米。

3 这个长方形的两条边按照1厘米长被分割。

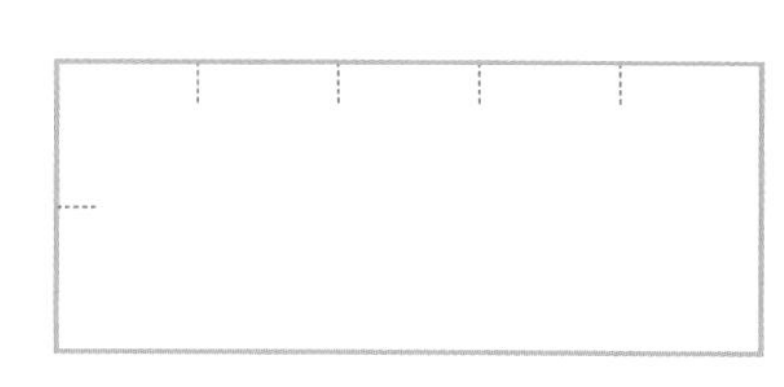

面积是 ____ 平方厘米。

4

2cm

2cm

a　左侧图形被虚线平分为两部分,下半部分的面积是多少平方厘米?

b　一共有几部分?

c　图形面积是多少?

5 写出每个图形的面积。

a

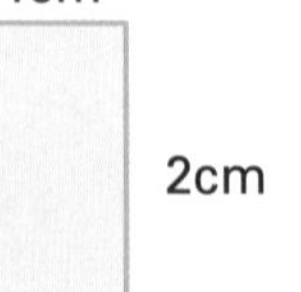

面积 = ________

b

面积 = ________

c

6cm

3cm

面积 = ________

独立练习

1 测量每个长方形的长、宽，并求出它们的面积。

a

长 ____ cm

宽 ____ cm

面积 ____ cm^2

b

长 ____ cm

宽 ____ cm

面积 ____ cm^2

---

2 下面是三个房间的平面缩略图。计算每个房间的面积。

不一定能画出它们的真实尺寸——因为纸张不够大！

a

8m

5m

面积 = ____

b

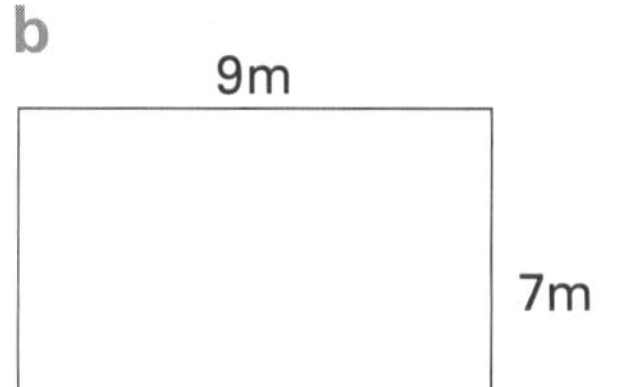

9m

7m

面积 = ____

c

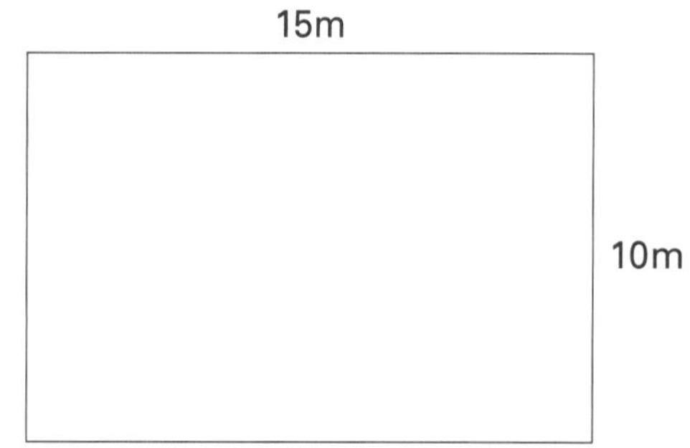

15m

10m

面积 = ____

---

3 比例尺有时用于绘制平面图。下面各平面图中，1厘米代表现实生活中的1米。请算出每个房间的面积。

a

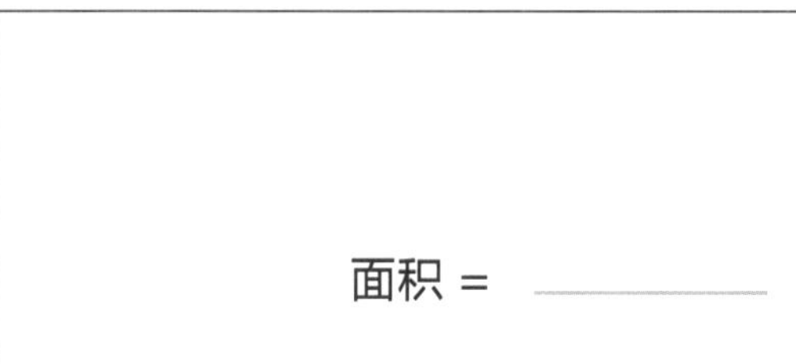

面积 = ____

b

面积 = ____

c

面积 = ____

4 求长方形的面积时，你可以用这个公式:长方形面积= 长 × 宽。为什么公式对右侧这个图形不适用?

____

5 测量图形，把它们分割成长方形，并求出总面积。

a

面积 = ________

b

面积 = ________

c

面积 = ________

d

面积 = ________

e

面积 = ________

6 长100米，宽50米的足球场，面积是多少?

7 两个并排的足球场面积为1公顷（hm^2）。$1hm^2$ 等于 $10000m^2$，下列面积等于多少平方米?

a　2公顷 ________　　b　4公顷 ________　　c　5公顷 ________

8 一张A4纸长297毫米，宽210毫米。将它们估算成最接近的厘米数，然后估算A4纸的面积。

____

拓展运用

求直角三角形的面积时，把它想象成一个长方形的一半。
三角形*ABC* 的面积是长方形*ABCD* 面积的一半。
$8cm^2$的一半是$4cm^2$。

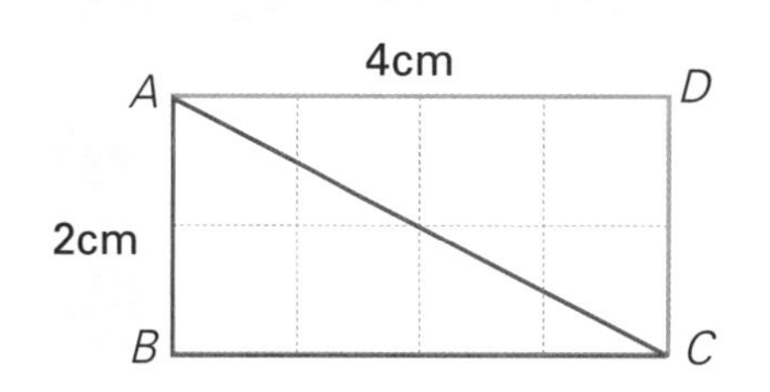

1 测量，并计算下列每个图形的面积。

a 长方形*ABCD* 的面积 = ________

三角形*ABC* 的面积 = ________

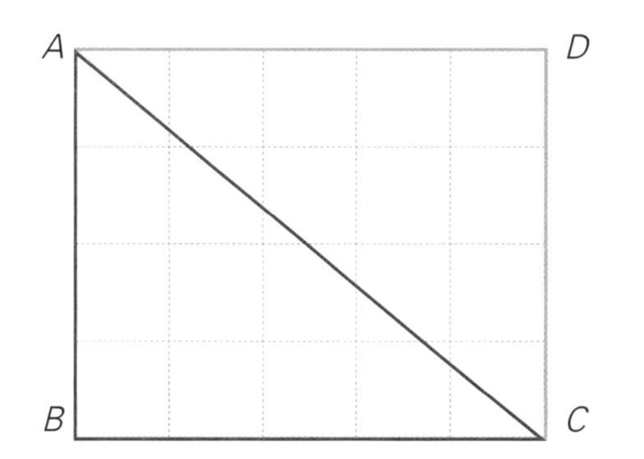

b 长方形*EFGH* 的面积 = ________

三角形*EFG* 的面积 = ________

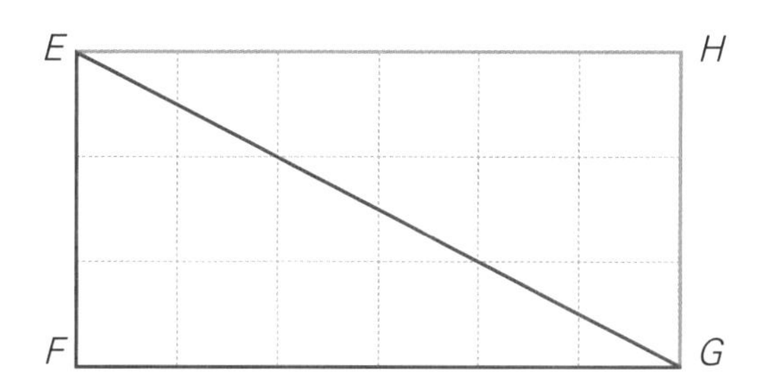

c 长方形*IJKL*的面积 = ________

三角形*JKL*的面积 = ________

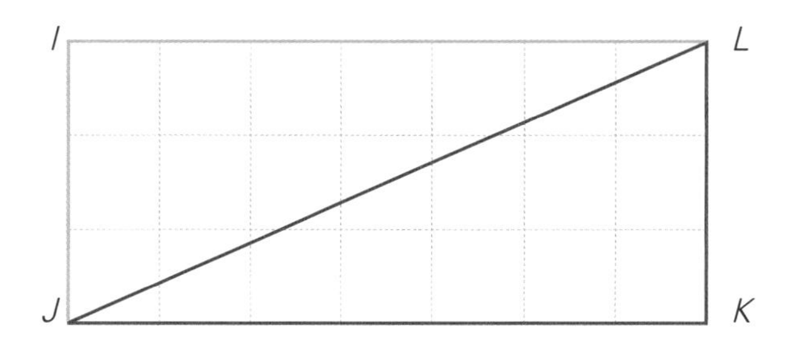

d 长方形*MNOP* 的面积 = ________

三角形*NOQ* 的面积 = ________

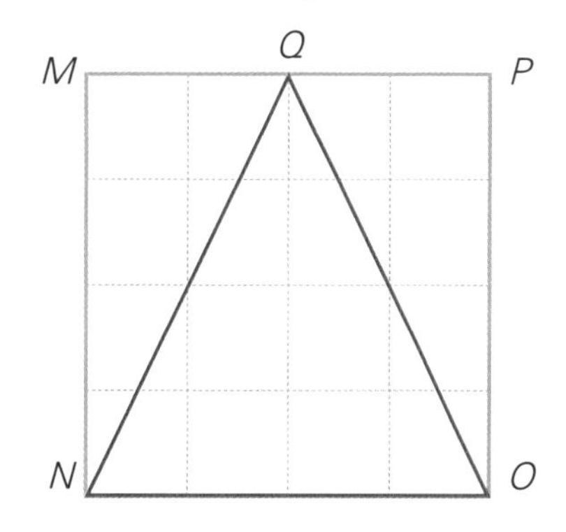

2 测量，并计算每个三角形的面积。

a **b**

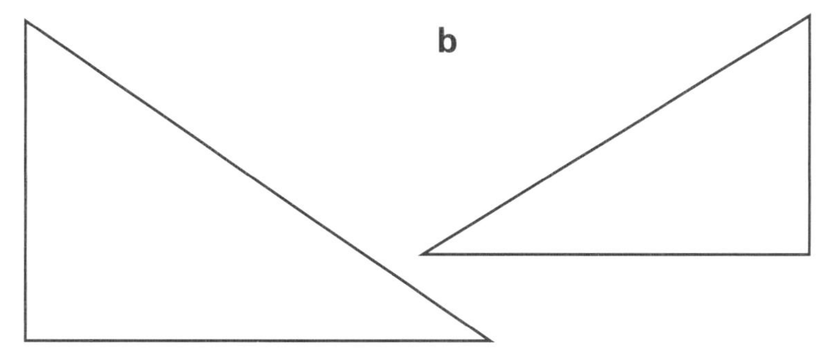

c

三角形面积 = ________　　三角形面积 = ________　　三角形面积 = ________

5.3 体积和容积

体积是指物体所占的空间大小。这个用4个1立方厘米的立方体组成的立体模型的体积是4立方厘米($4cm^3$)。

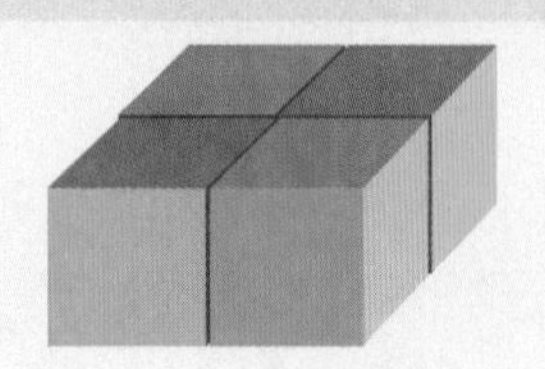

趣味学习

1 写出下列由1立方厘米的立方体组成的立体模型的体积。

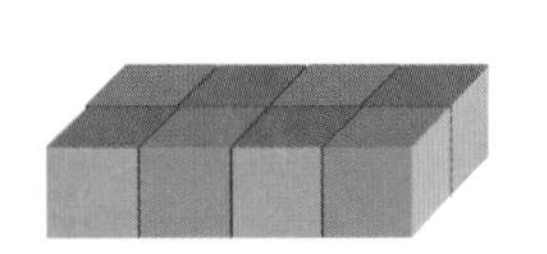

a 体积= ____ cm^3

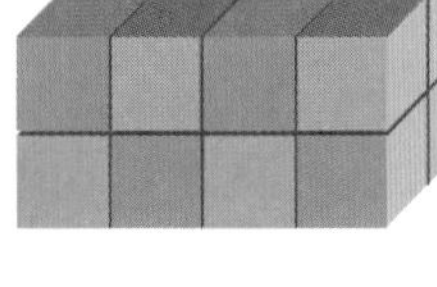

b 体积= ____ cm^3

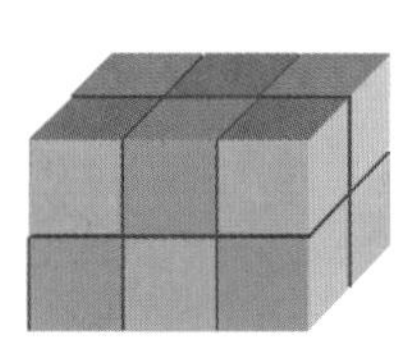

c 体积= ____ cm^3

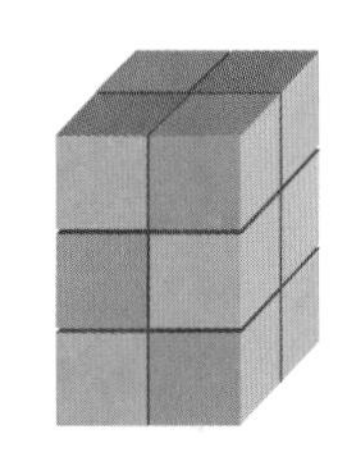

d 体积= ____ cm^3

2 填空（假设每个小立方体的体积为1立方厘米）。

a

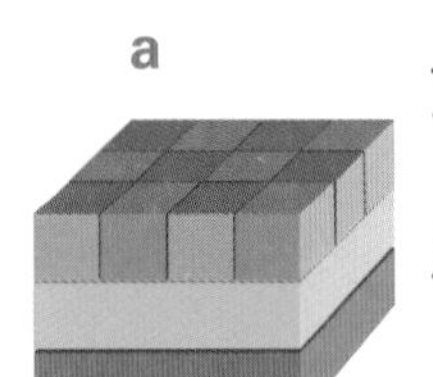

顶层的体积 = ____ cm^3

层数 = ____

模型体积 = ____ cm^3

b

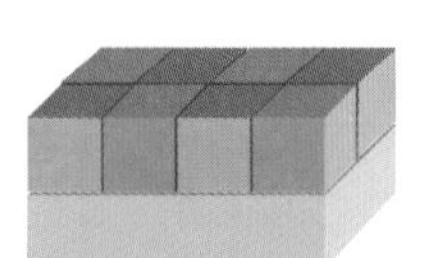

顶层的体积 = ____ cm^3

层数 = ____

模型体积 = ____ cm^3

容积表示可以容纳物体的体积。一般用升(L)和毫升(mL)来表示容积。大的容器(如游泳池)的容积可以用千升(kL)来表示。它们可以这样相互转化：

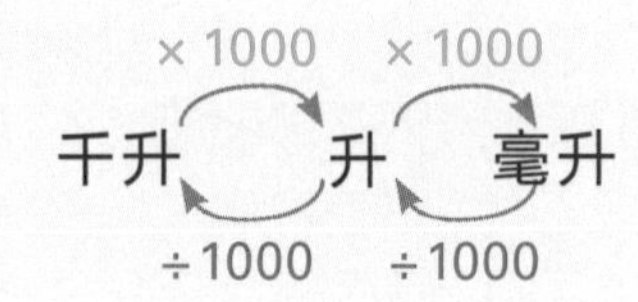

3 完成表格。

a （千升 ×1000→ 升；升 ÷1000→ 千升）

	千升	升
例子	4kL	4000L
	3kL	
		9000L
		3500L
	6.25kL	

b （升 ×1000→ 毫升；毫升 ÷1000→ 升）

	升	毫升
例子	4L	4000mL
		2000mL
	7L	
	5.75L	
		4500mL

c （$1cm^3 = 1mL$）

	体积	容积
例子	$100cm^3$	100mL
		500mL
	$225cm^3$	
		1L
	$1750cm^3$	

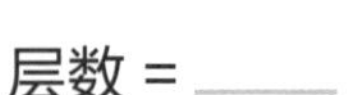

独立练习

1 a 组成这个模型需要多少个1立方厘米的立方体？

b 它的体积是多少？

1cm 3cm 5cm

2 你是怎么知道这个模型的体积是12cm³的？

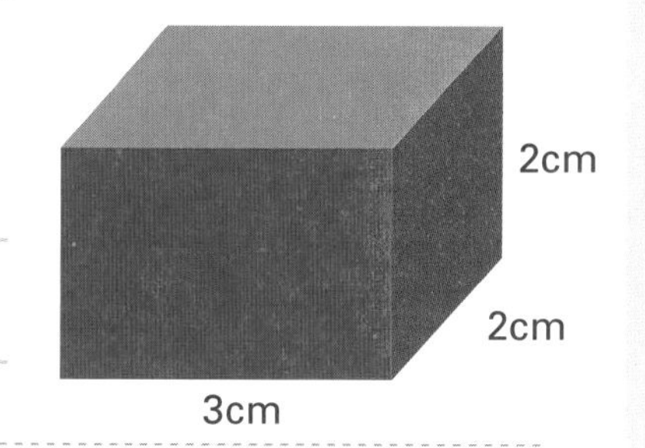

3 用V表示体积，L表示长，W表示宽，H表示高，请你写一个公式并阐述如何求一个长方体的体积。

4 计算体积。

a

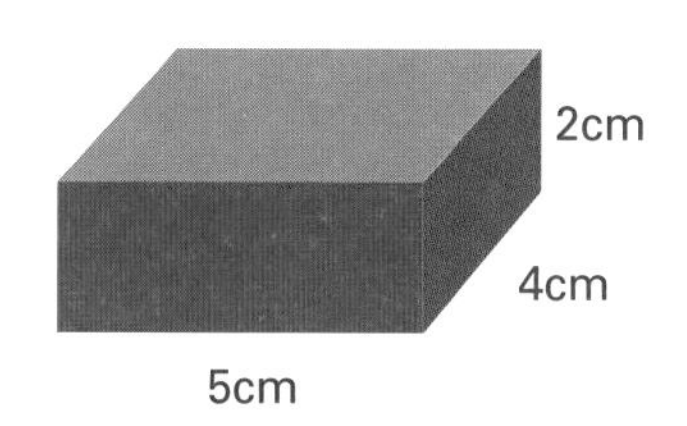

体积= ____ cm³

b

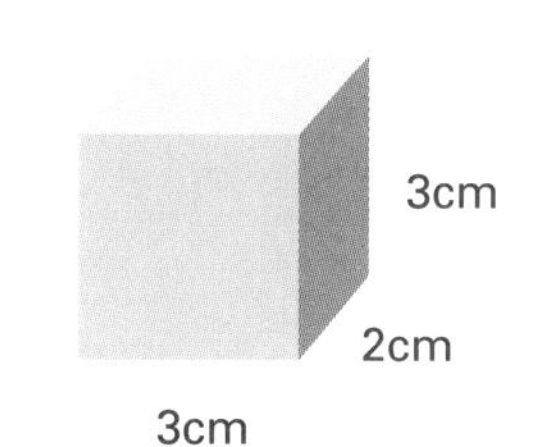

体积= ____ cm³

c

6cm 2cm 4cm

体积= ____ cm³

d

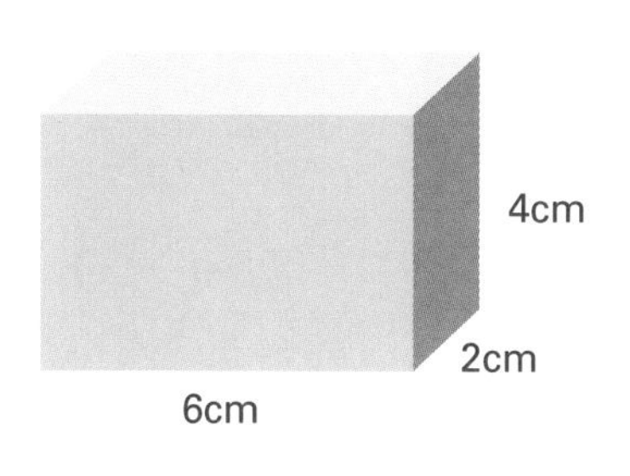

体积= ____ cm³

e

2cm 5cm 8cm

体积= ____ cm³

f

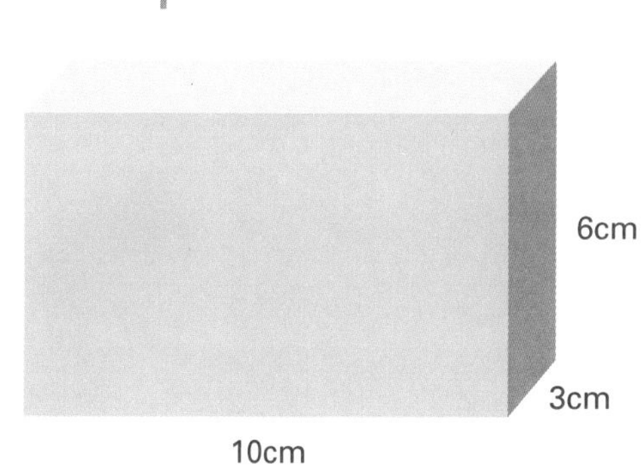

体积= ____ cm³

5 将下列容器按照容积从小到大排列。

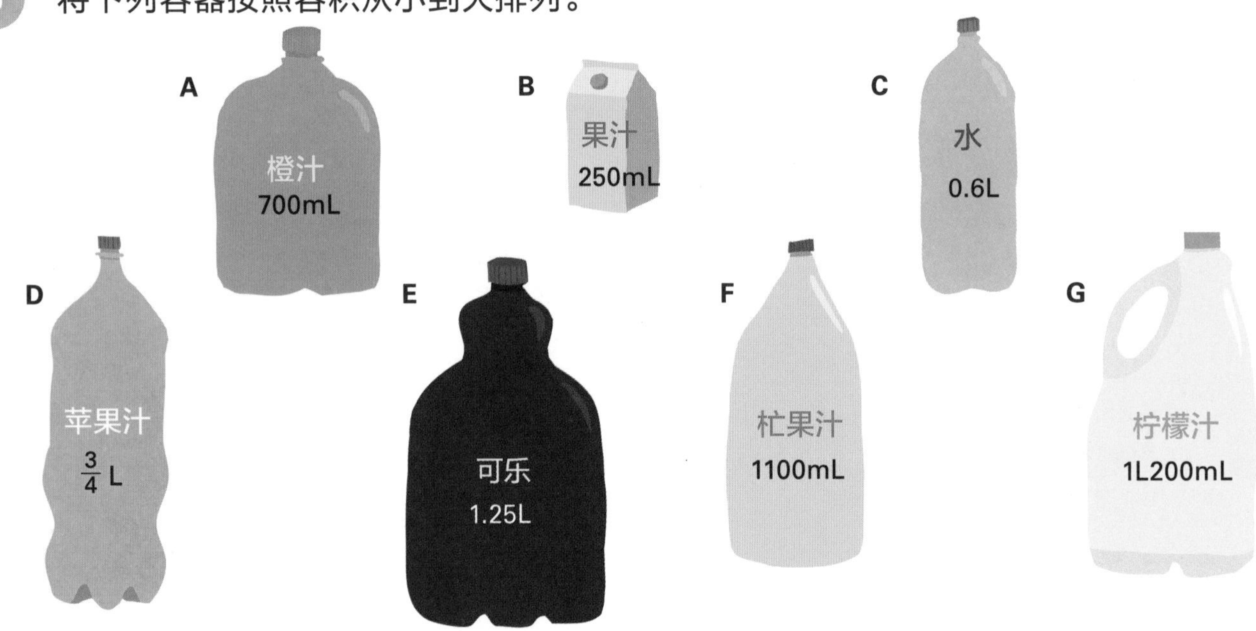

____

6 结合第5题给下列水壶涂上阴影，以表示倒入的饮料到达的刻度，并记录总量。

a 2瓶橙汁

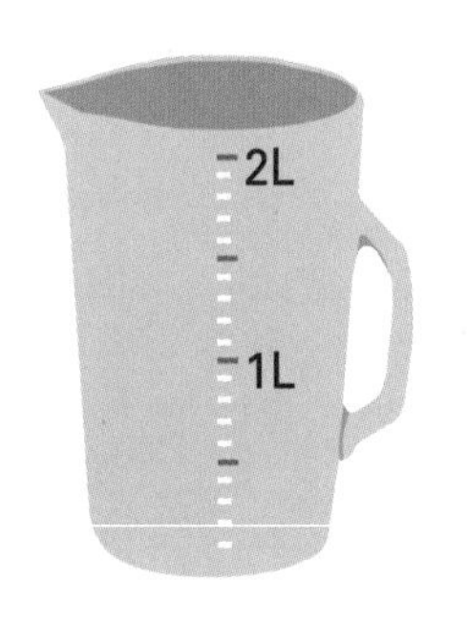

总量 ________ mL

b 2瓶苹果汁

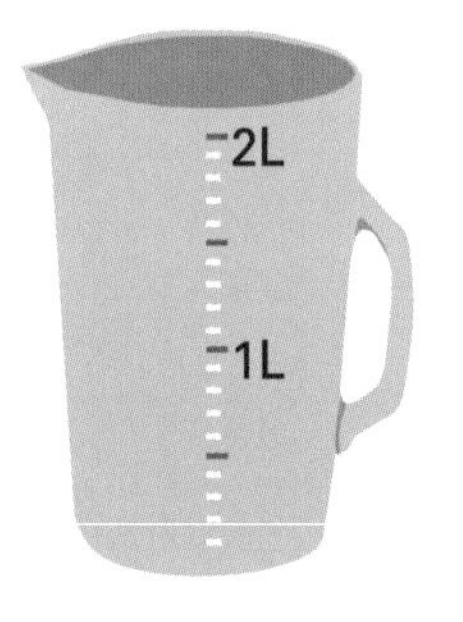

总量 ________ mL

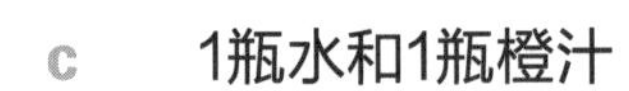

c 1瓶水和1瓶橙汁

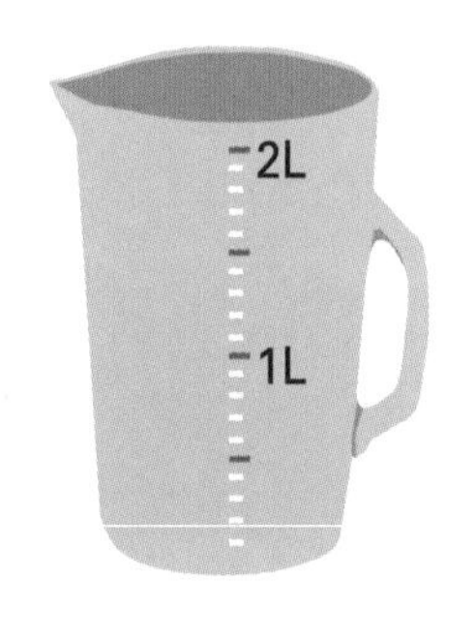

总量 ________ mL

d 1瓶可乐

总量 ________ mL

e 3瓶果汁

总量 ________ mL

f 1瓶苹果汁和1瓶水

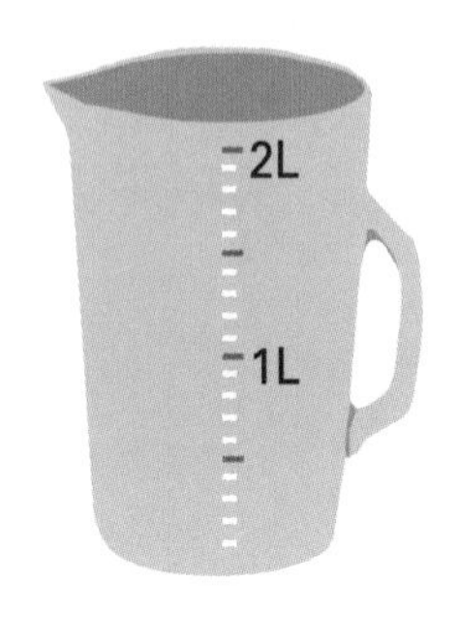

总量 ________ mL

拓展运用

1 我们可以用长度单位米来表示车道的长和宽，如何表示厚度呢?你会用米、厘米还是毫米来表示车道的厚度?

____

2 混凝土是按立方米出售的。铺一条长30米、宽3米、厚15厘米的道路，需要订购多少混凝土?（计算过程写在方框内。）

计算区

____

3 这个实验是为了得到卵石的体积。你需要一个卵石(或类似的东西)，一个盛水的小碗，一个用来放置小碗的容器，以及一个量杯。

a　将小碗放入容器中；

b　小心地往小碗中倒满水，且确保水没有溢出；

c　轻轻地将卵石放入水中；

d　小心地取出小碗，确保没有水从里面溢出；

e　测量放入卵石后，碗中溢出的水的总量。

f　想想溢出的水的总量与卵石的体积之间有什么关联。

____

g　写出卵石的体积，并且说说你是怎么知道的。

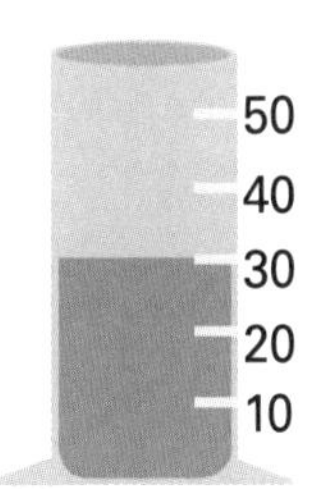

____

____

____

5.4 质　量

物体的质量表示它含有物质的多少。在生活中我们常用它反映物体的轻重。表示质量的单位有吨(t)、千克(kg)和克(g)。对于非常轻的物体，比如一粒盐的质量，我们使用毫克(mg)来表示。上述相邻两个质量单位的进率是1000。

趣味学习

1

a 吨 ×1000 → 千克；千克 ÷1000 → 吨

吨	千克
例子 2t	2000kg
5t	
	7500kg
	1250kg
2.355t	
	995kg

b 千克 ×1000 → 克；克 ÷1000 → 千克

千克	克
例子 2kg	2000g
	3500g
4.5kg	
0.85kg	
	250g
3.1kg	

c 克 ×1000 → 毫克；毫克 ÷1000 → 克

克	毫克
例子 4g	4000mg
5.5g	
	3750mg
1.1g	
	355mg
0.001g	

2 什么物体的质量适合用下列单位？

a 吨 ________　　b 千克 ________

c 克 ________　　d 毫克 ________

3 下面这个盒子的质量可以写成$1\frac{1}{2}$千克、1.5 千克、1千克500克。根据已给信息，完成表格。

可以用多种方式表示相同的质量。

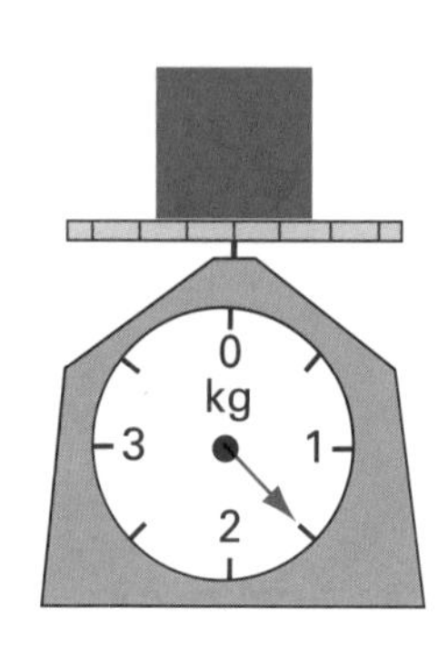

	千克（用分数表示）	千克（用小数表示）	千克和克
a	$3\frac{1}{2}$kg		3kg500g
b		2.5kg	
c	$3\frac{1}{4}$kg		
d		4.7kg	
e			1kg900g

独立练习

1. 我们通常用不同的秤来称量不同质量的物体。在记录质量时，注意每个秤上的读数(刻度线)。

a

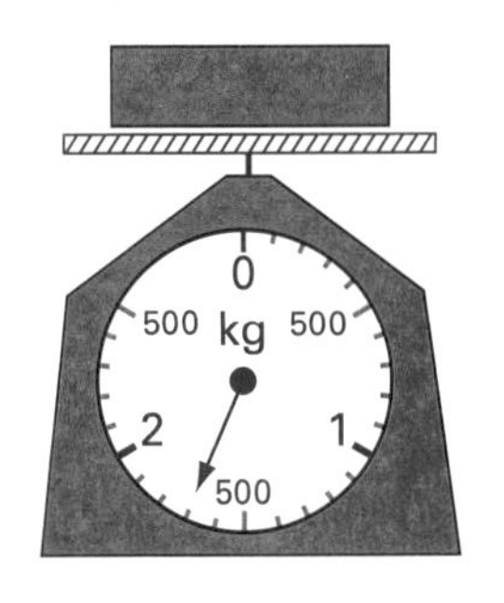

质量: ______

b

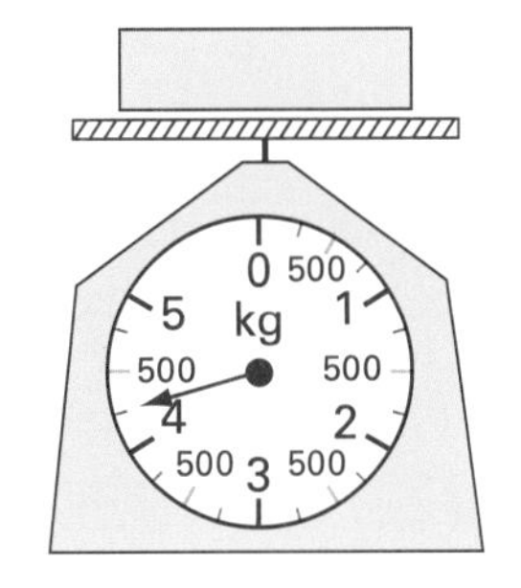

质量: ______

c

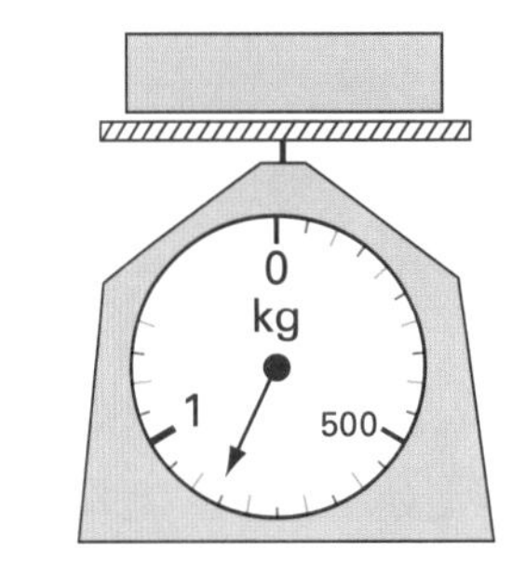

质量: ______

2. 要称量下列物体的质量，你会选择第1题中的哪个秤？

a 200克面粉 ______

b $4\frac{1}{2}$ 千克的土豆 ______

c $2\frac{1}{4}$ 千克的沙子 ______

d 750克的苹果 ______

3. 在秤上画一个指针，表示盒子的质量是925克。

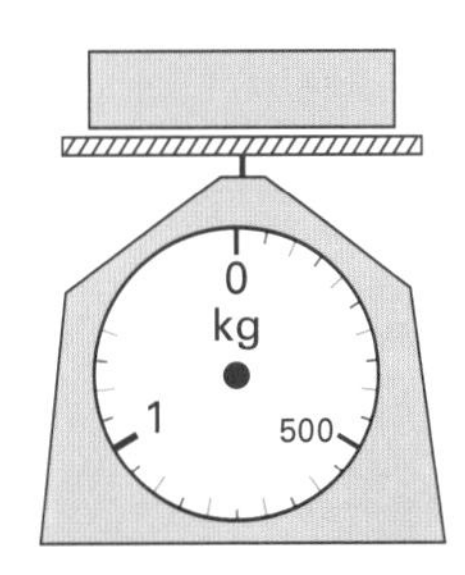

4.

A

B

C

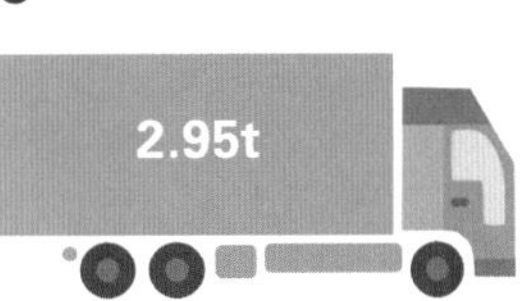

D

a 将卡车按照载重量从小到大排列。______

b 哪两辆卡车的承载总量最接近5吨? ______

c 哪两辆卡车的承载总量最接近6吨? ______

5 要称出一张纸的质量是很困难的。说一说你是如何利用这个记事本上的信息来计算一张纸的质量的。

记事本
100张

---

6 山姆收到了一个祖母寄来的包裹，这个包裹的总质量是1.85千克。写出包裹中每种物品可能的质量，要保证总质量是1.85千克。

物品	质量
包装盒	
一套笔	
鞋子	
一套邮票	
一双袜子	
一盒饼干	

你认为哪种物品的质量最大？

---

7 每部电梯都有一个标记安全载重量的指示牌。根据右图的指示牌回答下面的问题。

— 电梯 —
安全载重量$\frac{1}{2}$吨（8个人）

a 这个电梯公司把一个人的平均体重算作了多少？

b 如果六年级学生的平均体重是40千克，那么电梯里最多可以承载多少名六年级学生？

---

8 一个托盘里装了总质量为1千克的4个水果，水果的质量各不相同。每个水果的质量可能是多少？

拓展运用

1 科学家已经证明，1毫升水的质量刚好是1克。你能证明1毫升水的质量是1克吗？在日常生活中，很难准确地称出1克那么轻的物体的质量。用等量关系试着证明50毫升水的质量是50克。写两句话来证明你的发现吧！

2 每个人都不应该摄入太多钠。下表中的信息,显示了一些常见食物中的钠含量。

食物类型	每100g食物中的钠含量/mg	标准质量/g	标准质量的钠含量（四舍五入到个位）/mg
薯片	1000	50	500
汉堡	440	200	880
牛肉香肠	790	70	553
鸡胸肉	43	160	69
早餐麦片	480	30	144
黄油	780	7	55
酵母	3000	6	180
白面包	450	30	135

我们每天摄入的钠不能超过2.3克。

a 哪一种食物，每100克中含有1克钠？

b 100克汉堡和100克早餐麦片中的钠含量相差多少？

c 根据标准质量计算。如果皮特吃一个三明治，其中包含两片白面包、酵母和黄油，他会摄入多少钠？

d 如果海伦按照标准质量吃了所有的食物，她会比推荐的每日钠摄入最大量多摄入多少？

5.5 时刻表和时间轴

时刻表列出了将要发生的事情，是一个易于阅读的清单。时间轴显示了一段时间内发生的事情的顺序。

时刻表可以用12小时制或24小时制。

趣味学习

填空，并在钟表上画出相对应的指针。

例

12小时制 上午5：16

24小时制 05：16

a 下午

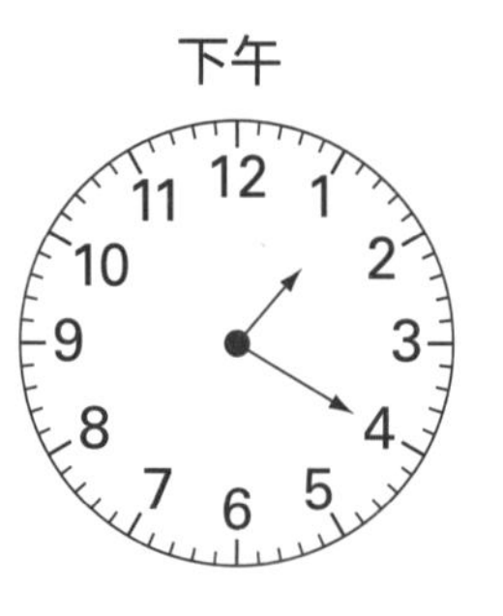

12小时制 ________

24小时制 ________

b 下午

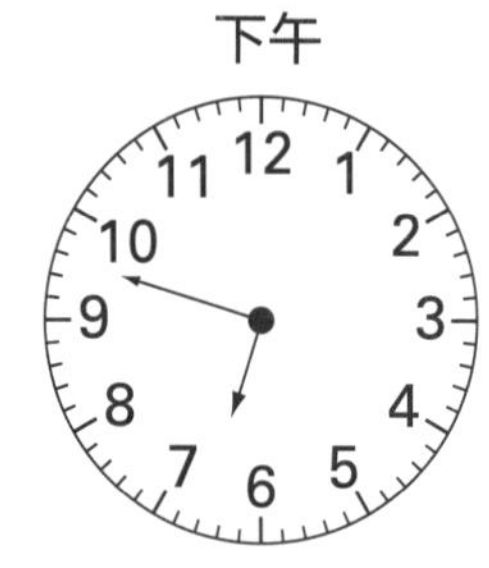

12小时制 ________

24小时制 ________

c

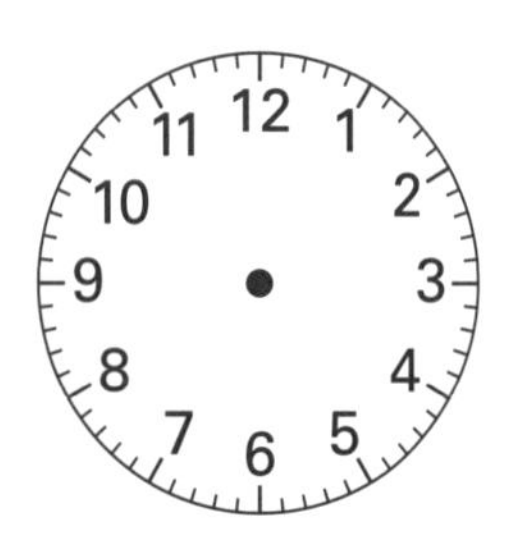

12小时制 下午2：42

24小时制 ________

d 深夜

12小时制 ________

24小时制 ________

e

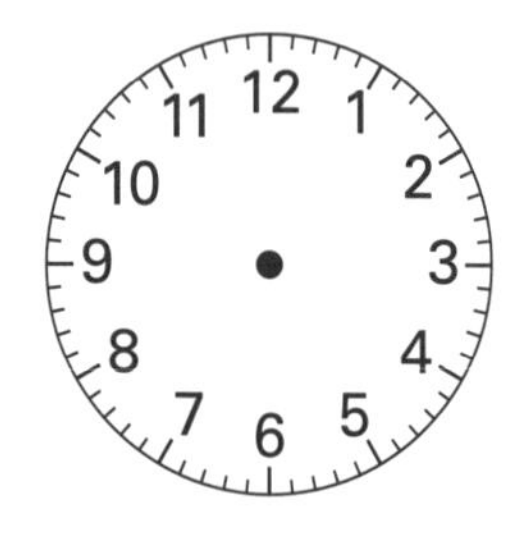

12小时制 ________

24小时制 22：22

f 上午

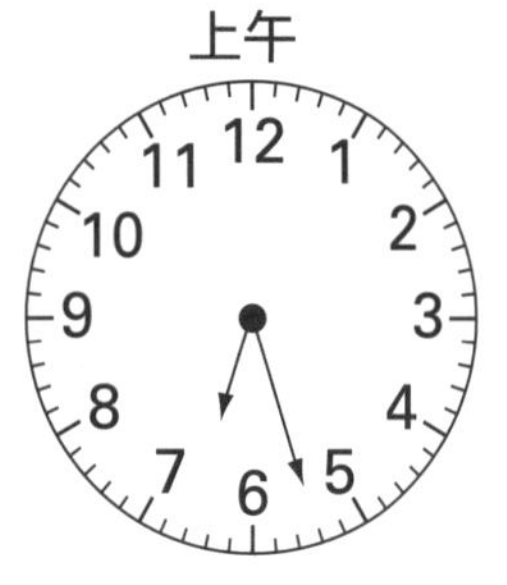

12小时制 ________

24小时制 ________

g

12小时制 上午10：35

24小时制 ________

h

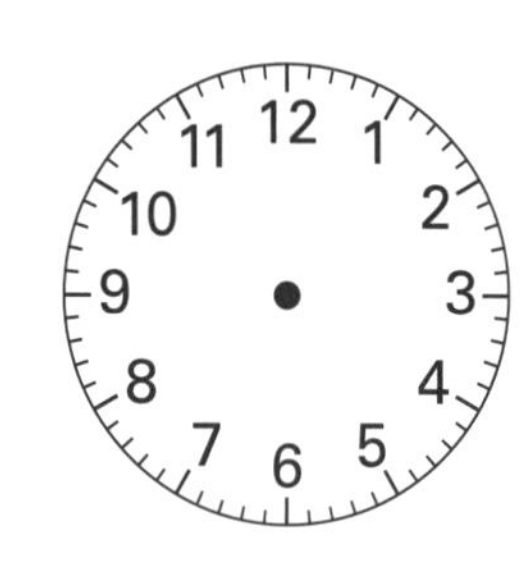

12小时制 ________

24小时制 23：59

独立练习

1. 乘坐8219次列车从墨尔本到吉隆需要多长时间？

______

2. 从墨尔本到吉隆的哪趟火车用时最短？

______

3. 从墨尔本到吉隆的最短旅程时间和最长旅程时间相差多少？

______

4. 在哪列火车上可以买到饮料？

______

星期六					
列车号	8215	8219	8221	8225	8227
火车/长途汽车	火车	火车	火车	火车	火车
座位/餐饮	★ ☕				
墨尔本	IC				
南十字星站台（始发站）	13:00	14:00	15:00	16:00	
北墨尔本					
富茨克雷	13:08u	14:08u	15:08u	16:08u	
纽波特					
威勒比		14:26u		16:26u	
小河流		14:34		16:34	
劳拉	13:42	14:40	15:35	16:40	
科里奥		14:44		16:44	
北海岸		14:46		16:46	
北吉隆	13:50	14:50	15:43	16:50	
吉隆（终点站）	13:56	14:54	15:47	16:54	

图例
★ 提供头等舱 ☕ 提供餐饮 IC 城际 u 仅上客不下客
高峰服务 这些服务需要预定

5. 为什么搭乘任何一列火车都无法从南十字星车站到达富茨克雷？

______

6. 如果你要乘坐8219次列车去吉隆，中途想在劳拉站下车去见朋友，然后你需要等多久才能等到下一趟火车？

______

7. 8227次列车在下午4：30离开南十字星站台，它与8225次列车的行车时间和停靠站相同。请使用 24 小时制在时刻表上填空。

8 根据太空探索的相关信息来完成时间轴。一定要注意用比例尺标记时间轴上的长度与年份的关系，并在时间轴的适当位置画上箭头。

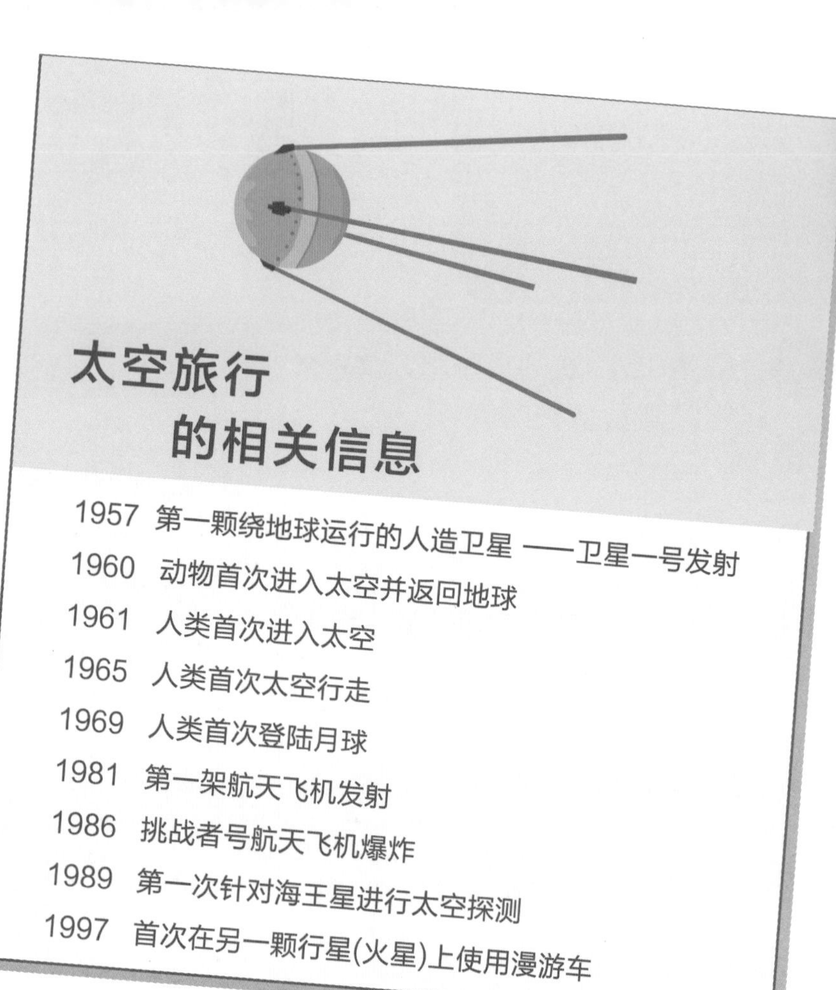

太空旅行的相关信息

1957 第一颗绕地球运行的人造卫星——卫星一号发射
1960 动物首次进入太空并返回地球
1961 人类首次进入太空
1965 人类首次太空行走
1969 人类首次登陆月球
1981 第一架航天飞机发射
1986 挑战者号航天飞机爆炸
1989 第一次针对海王星进行太空探测
1997 首次在另一颗行星(火星)上使用漫游车

太空探索的时间轴

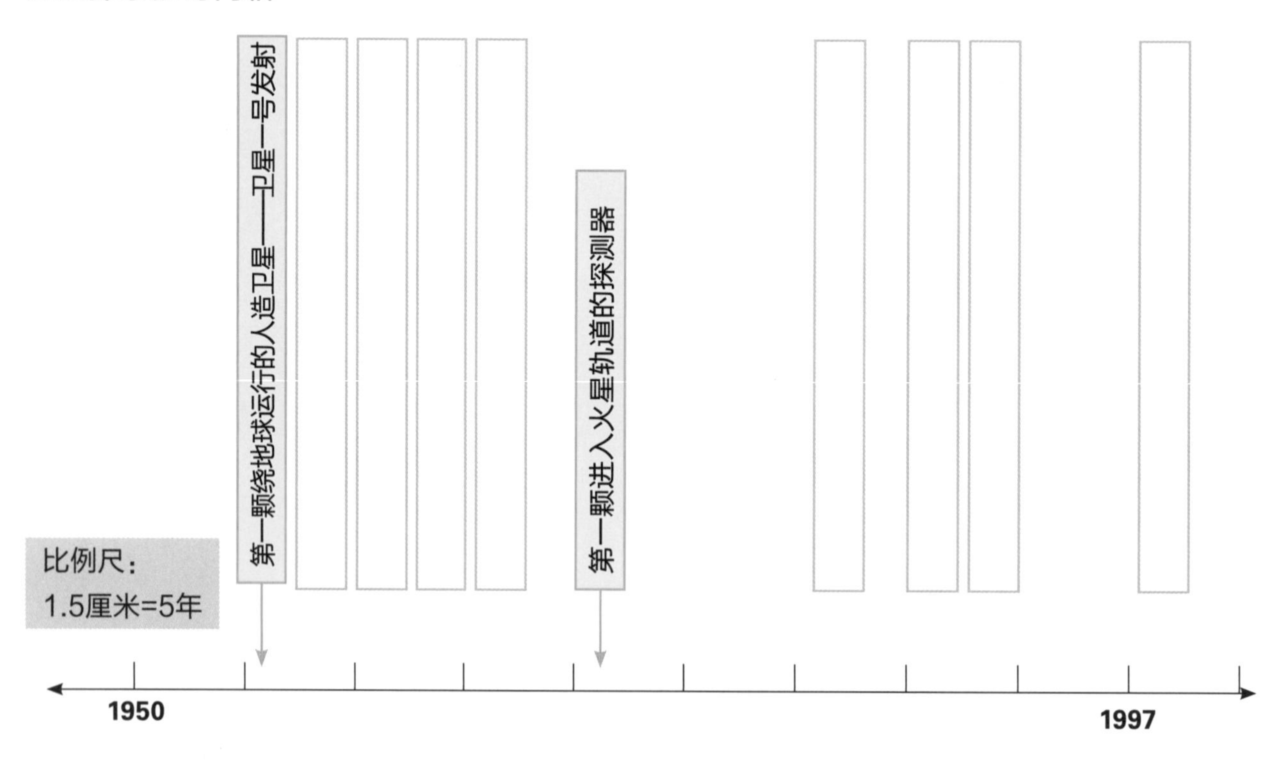

9 根据时间轴，哪一年探测器第一次进入火星轨道？

______

事件列表和时间轴，你觉得哪个更容易理解？为什么？

拓展运用

1 每天有三辆公交车从小城镇开往大城镇。

	离开小城镇时间	到达大城镇时间
公交车A	07:52	10:43
公交车B	11:14	14:08
公交车C	15:26	18:29

a 公交车从小城镇到大城镇，大约需要多少小时？

b 乘公交车A全程需要多长时间？

c 乘公交车C全程的用时比乘公交车B的用时多多少？

2 看第1题的时刻表。

a 用12小时制写出公交车C的出发时间。

b 在模拟时钟上画出对应的时间。

c 如果你乘公交车B去大城镇，而与你见面的人下午2:30才到，你要等多久？

3 每辆公交车都要在大城镇停留85分钟才返回。返回的用时是2小时59分钟。用24小时制完成每辆车从大城镇返回到小城镇的时刻表。

	离开大城镇时间	到达小城镇时间
公交车A		
公交车B		
公交车C		

第6单元 图 形 | 6.1 平面图形

多边形的每条边都是直边。正多边形有相等的边和相等的角，但是非正多边形不具有这个特点。

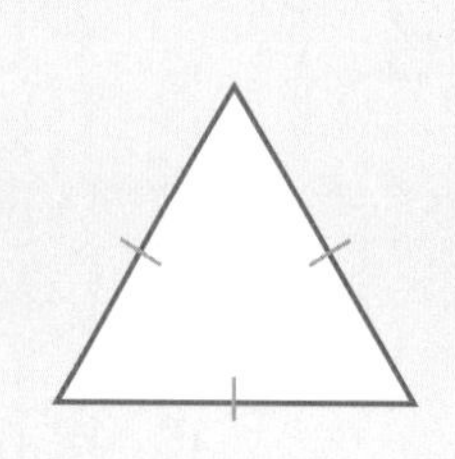

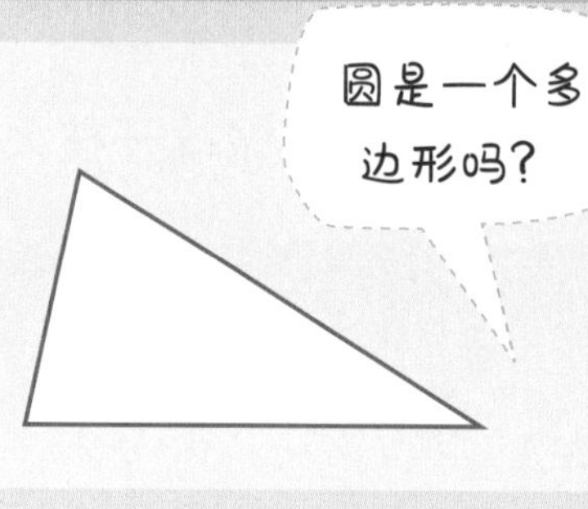

趣味学习

1 观察并写出下列图形的名称，并且标记它们是正多边形还是不规则多边形。

		图形的名称	正多边形或不规则多边形
例如		三角形	正三角形
a			
b			
c			
d			
e			
f			
g			
h			

2 圈出对右边的多边形描述最准确的一句。

- 它有五条边。
- 它有五个相同大小的角。
- 它有五条相等的边，有些角大小相同。
- 它有五条相等的边和五个大小相同的角。
- 它有五条相等的边，但没有大小相同的角。

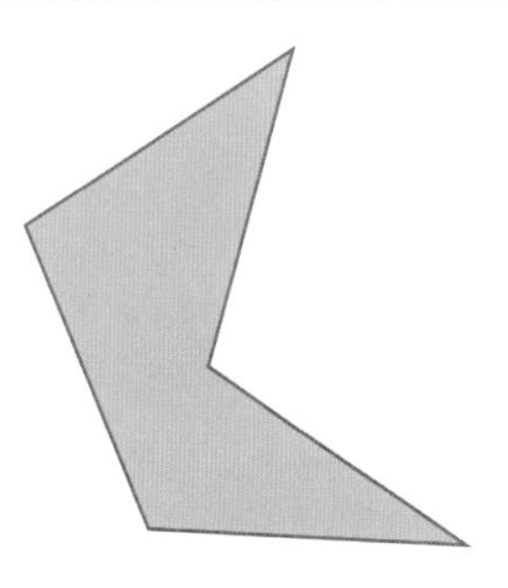

独立练习

1 写出下列三角形的类型和它的两个特点。

	三角形	类型和特点
		不等边三角形。边长不同，有一个钝角。
a		
b		
c		
d		
e		

2 写出下列图形的名称，并且描述它的特点。

	四边形	名称	特点
		不规则四边形	四条边的长度各不相同， 角的大小也各不相同,有一个优角。
a			
b			
c			
d			
e			

3 写出每组图形的相似点和不同点。

	图形	相似点	不同点
		两个三角形中的角都是锐角，每个三角形中至少有两个角的大小相同。	一个三角形有两条边的长度是一样的，另一个三角形的三边长度都一样。
a			
b			
c			
d			
e			
f			
g			
h			
i			

拓展运用

词库

半圆	圆周
四分之一圆	半径
直径	扇形

1 填空。

箭头指向的是

a ______________

b ______________

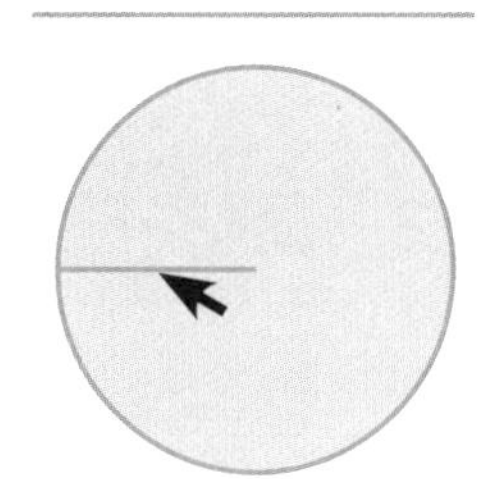

c ______________

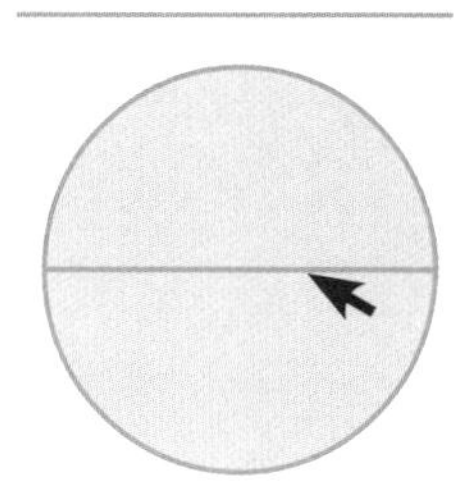

2 填空。

阴影部分是

a ______________

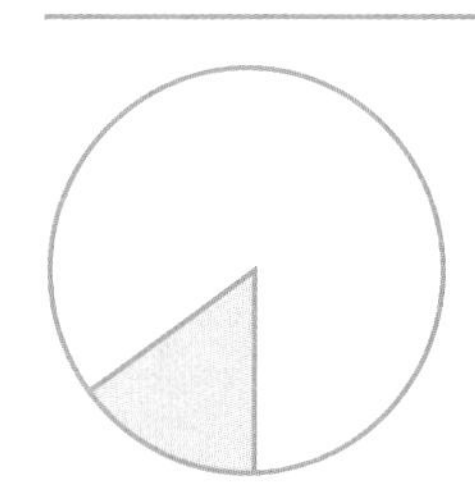

b ______________

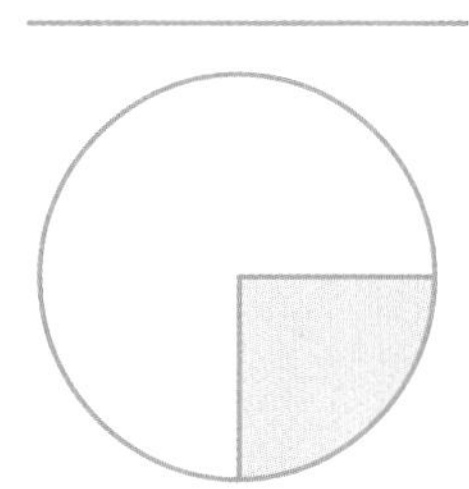

c ______________

3 画一个直径为12厘米的圆，用点A作为圆心。

• A

4 画出长方形的对角线，会得到多少个三角形？

6.2 立体图形

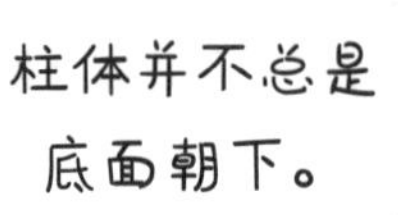

锥体有一个底面，我们通常用底面图形的边数来命名锥体。柱体有两个底面（上下面），我们也用底面图形的边数来命名柱体。

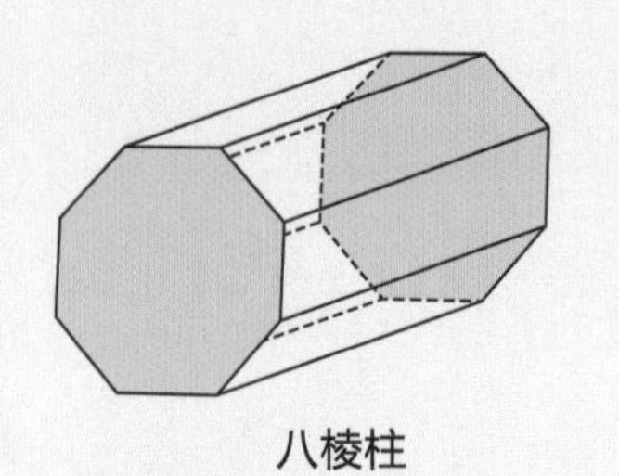

八棱柱

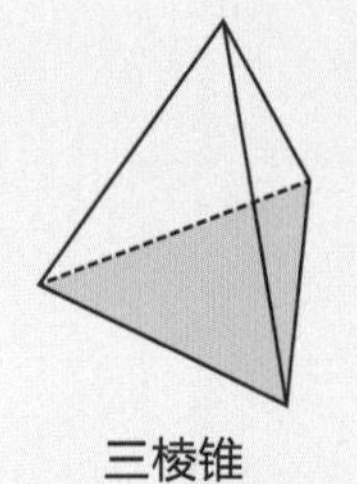

三棱锥

趣味学习

为下列立体图形命名。

a

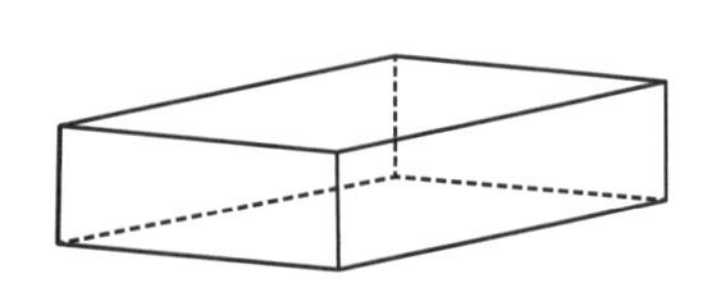

______

b

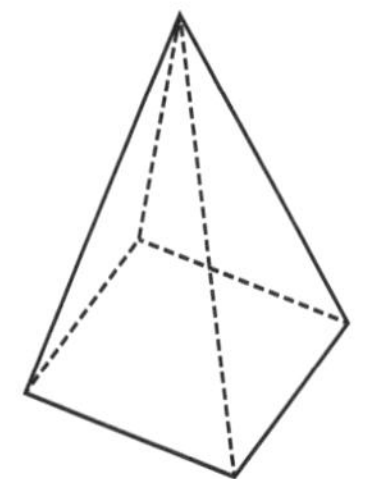

______

c

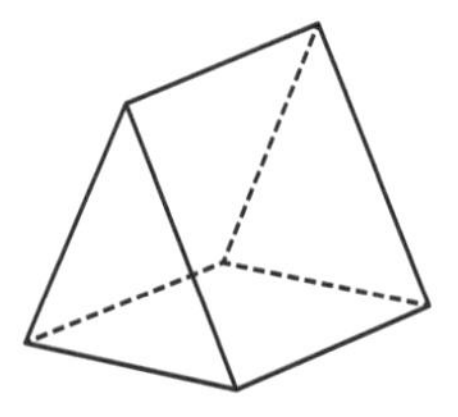

______

d

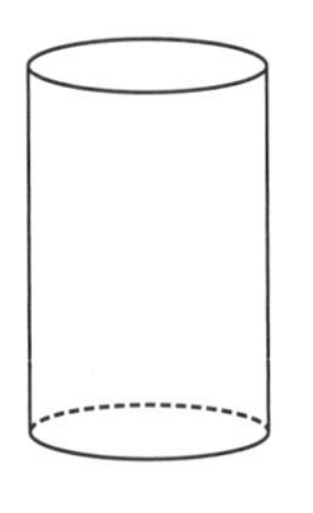

______

e

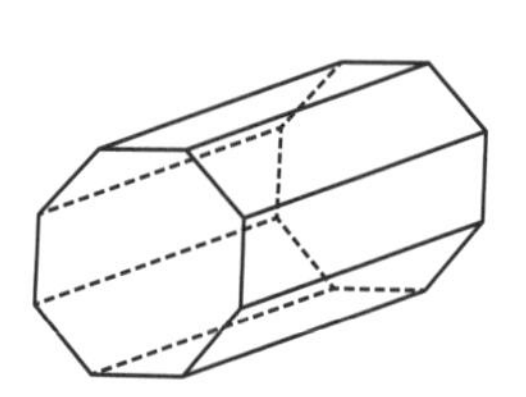

______

f

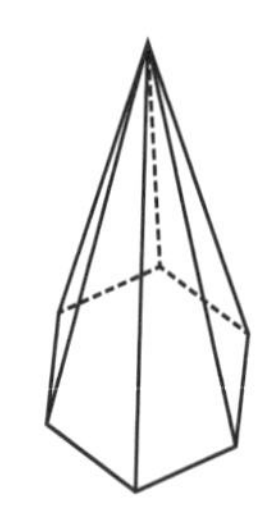

______

g

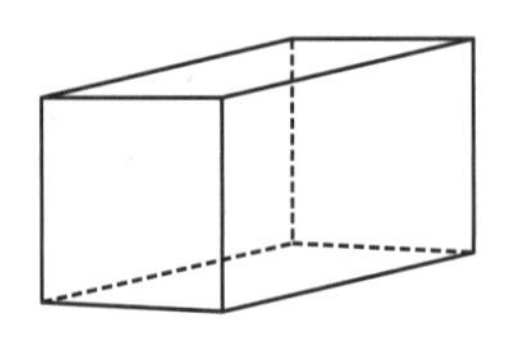

______

h

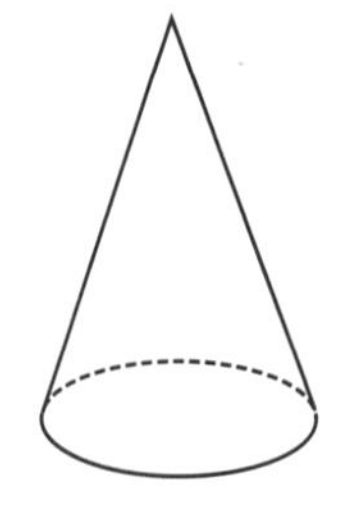

______

i

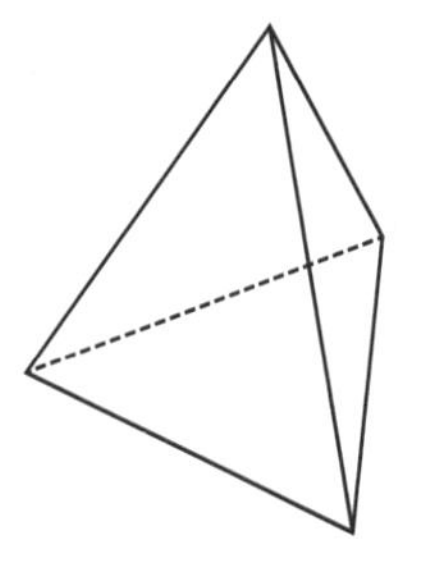

______

独立练习

1 网格中的图形是什么立体图形的平面展开图？

A ______________________

B ______________________

2 画网格，并且打印出来，做成立体图形。可以利用标记来帮助你把各面粘在一起。

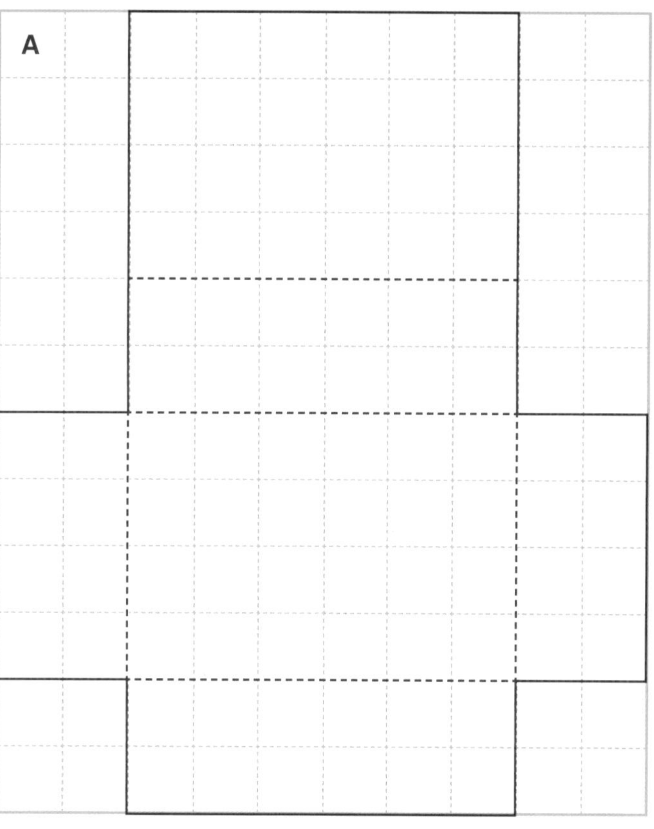

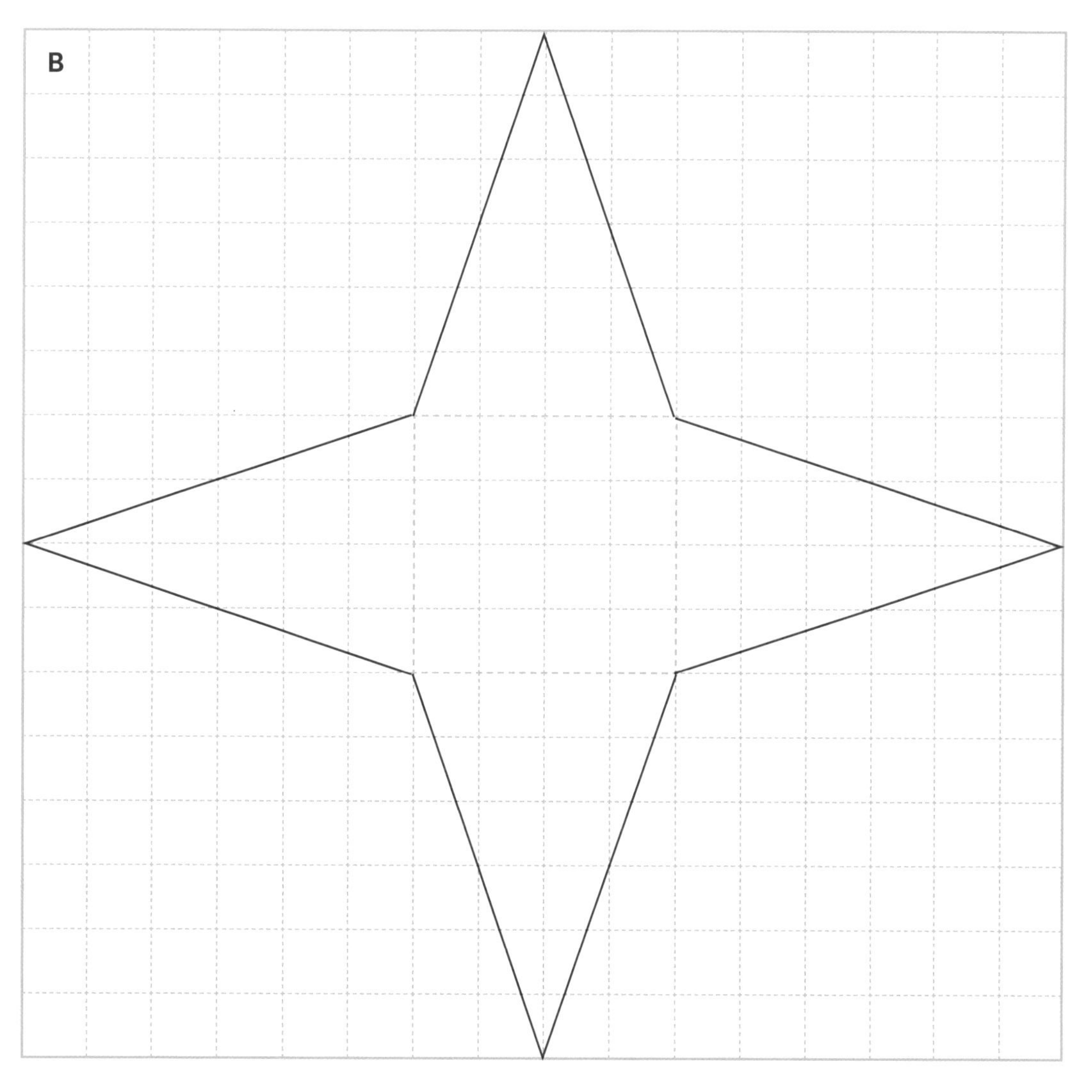

画错没关系，代表
我们正在学习！

3 练习画这些立体图形。

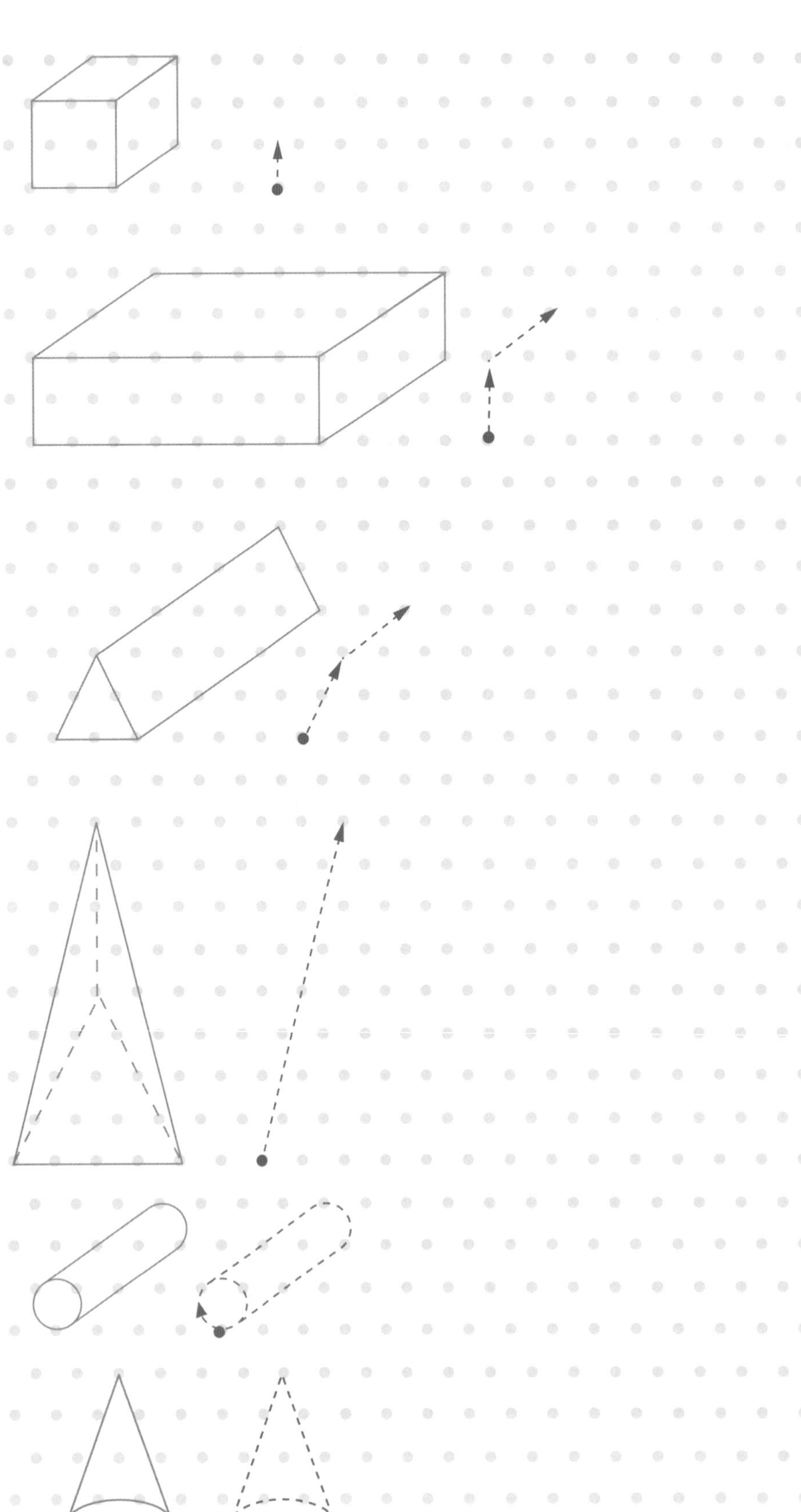

拓展运用

欧拉定理指出：如果把立体图形的面和顶点的数量相加，然后去掉棱的数量，答案总是2。用下列立体图形验证欧拉定理。

	立体图形	名称	面的数量	顶点的数量	棱的数量	是否符合欧拉定理
a	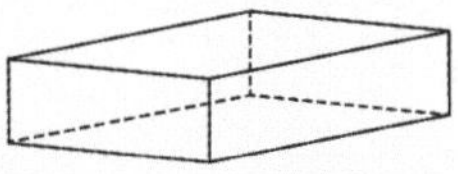	长方体	6	8	12	是
b	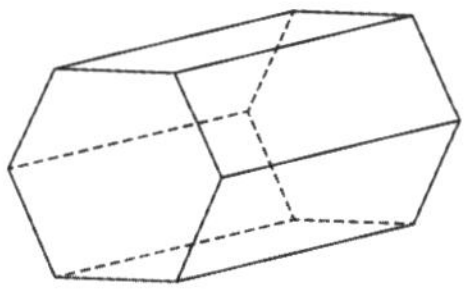					
c	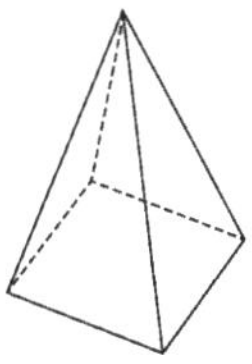					
d	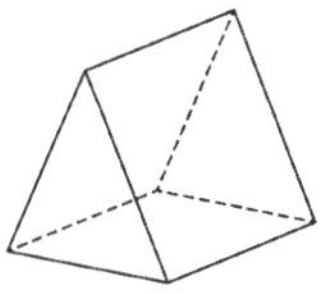					
e	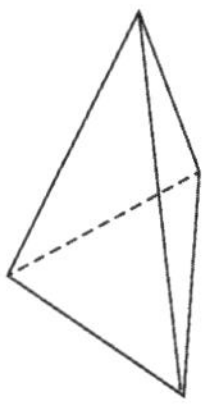					
f	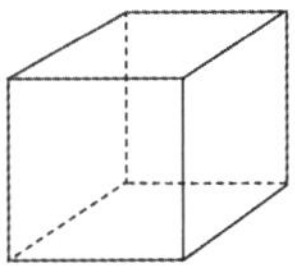					
g	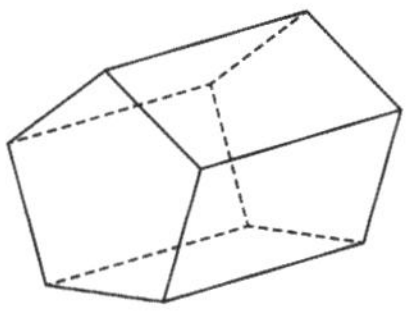					
h	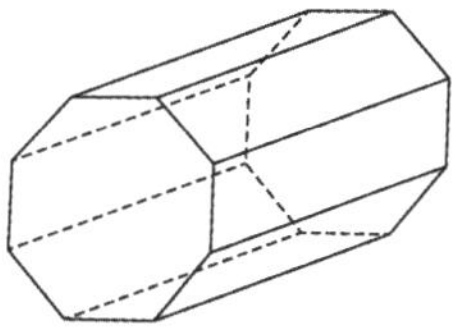					

第7单元 几何推理

7.1 角

一个角有两条射线和一个顶点。量角器是用来测量角度的。角的计量单位叫作度(°)。

射线

顶点

直角 90°

优角大于180°且小于360°

锐角大于0°且小于90°

钝角大于90°且小于180°

趣味学习

1 写出每个角的大小和类型。

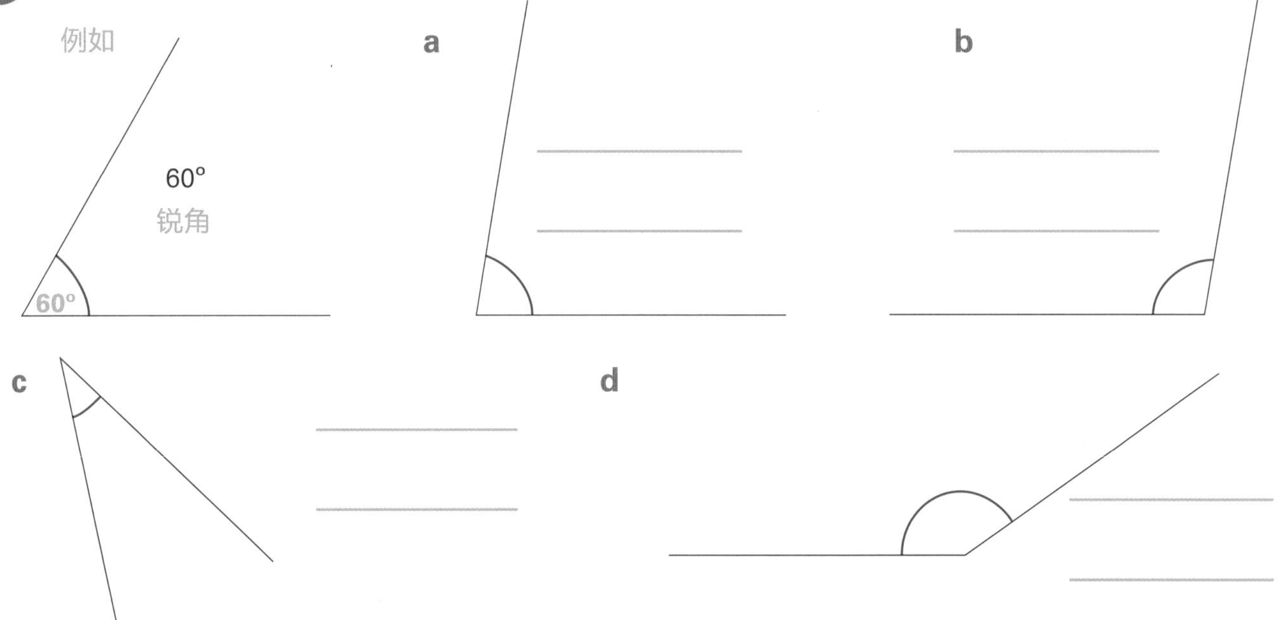

2 用给出的顶点和一条边，画出25°的角。

测量角度时要将角的一边和量角器的零刻度线重合。

独立练习

1 测量下面各角的大小。

a

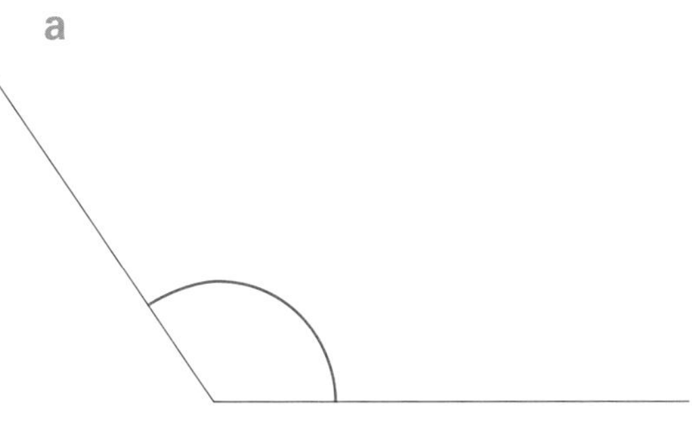

b

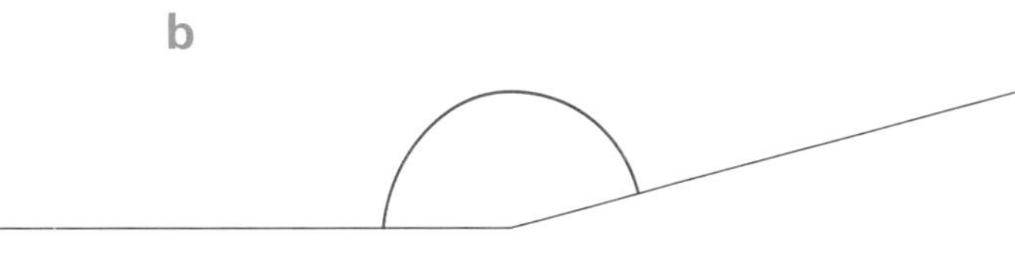

c

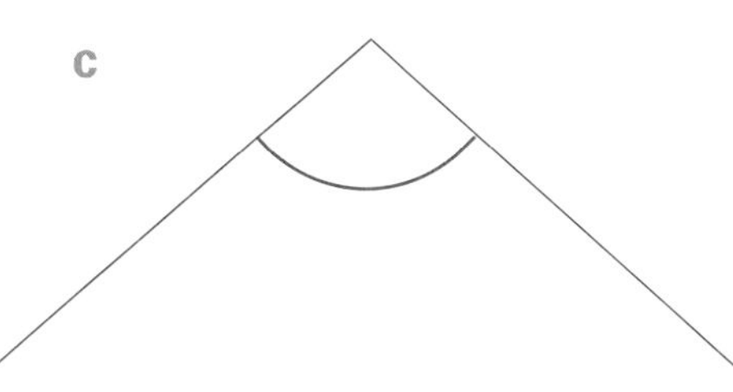

d

2 不用测量，你能知道图中的未知角有多少度吗?是什么角?

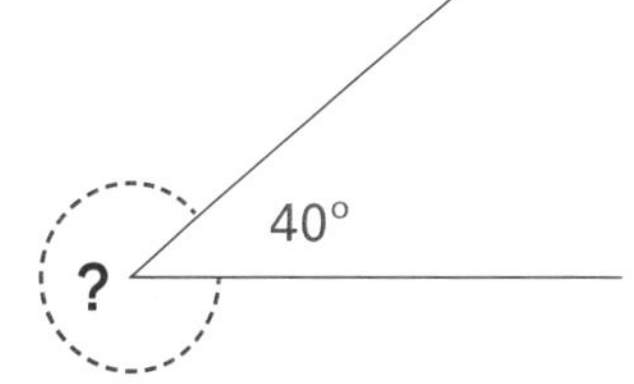

____

3 量一量，写出每个优角的大小。

a

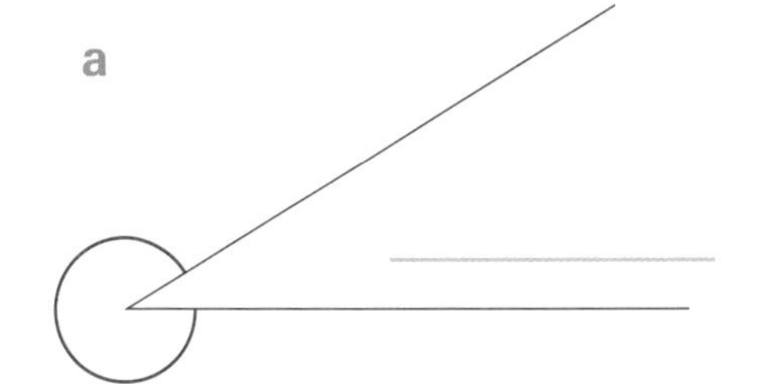

____

b

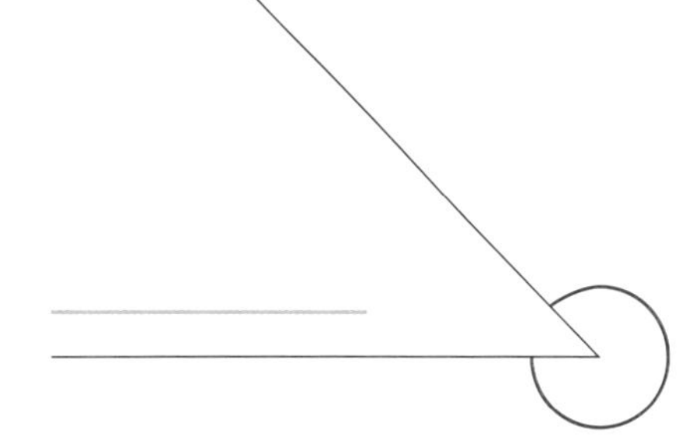

____

c

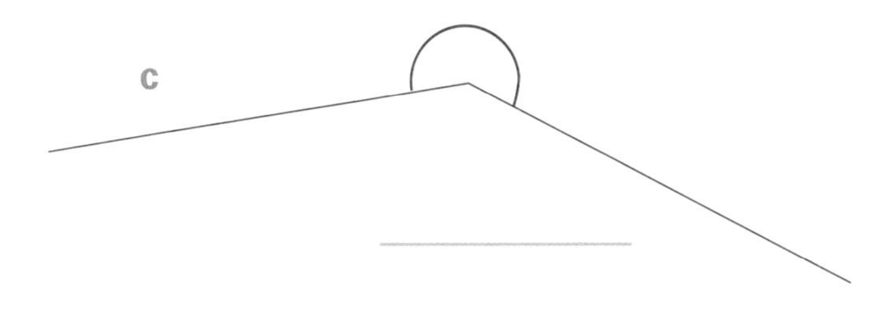

____

d

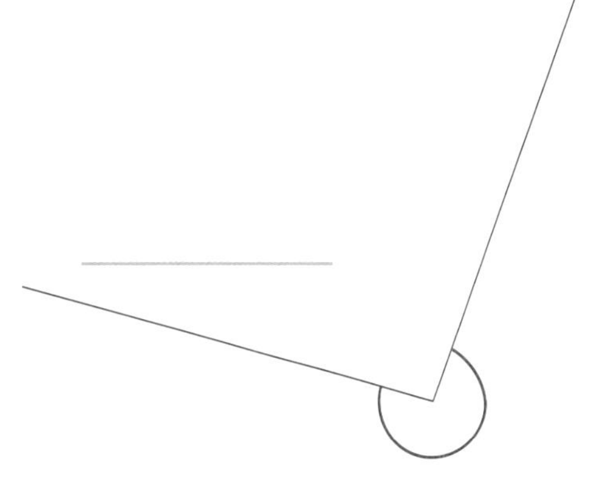

____

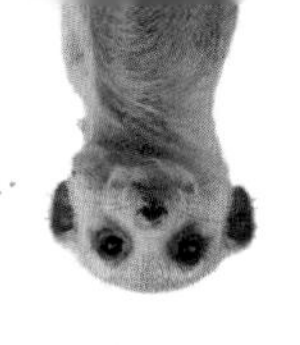

4 不用量角器，计算每个未知角的大小。

例如 ? $=180^\circ-80^\circ=100^\circ$

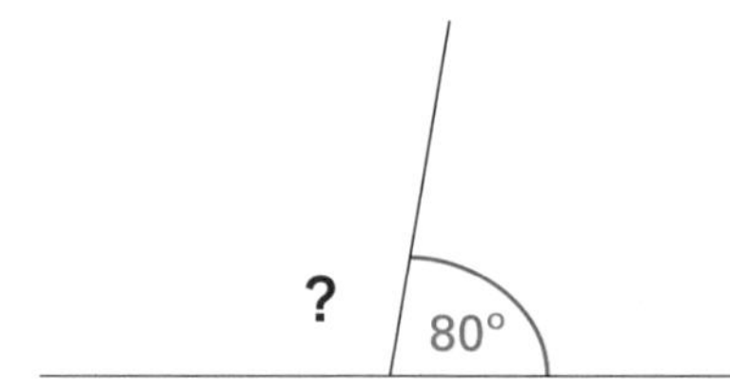

a ? = ____

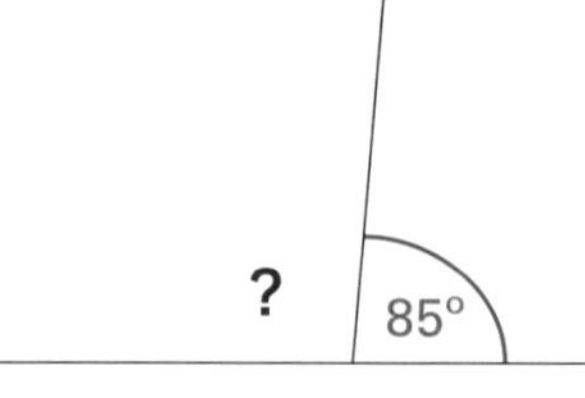

b ? = ____

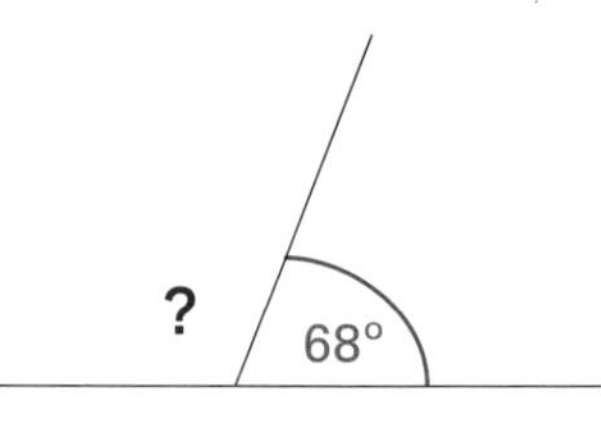

c ? = ____

d ? = ____

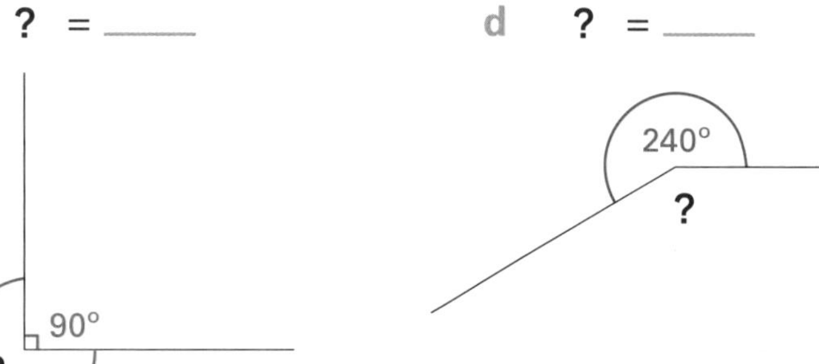

e ? = ____

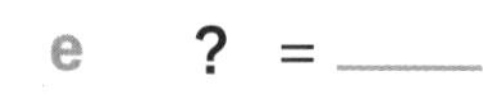

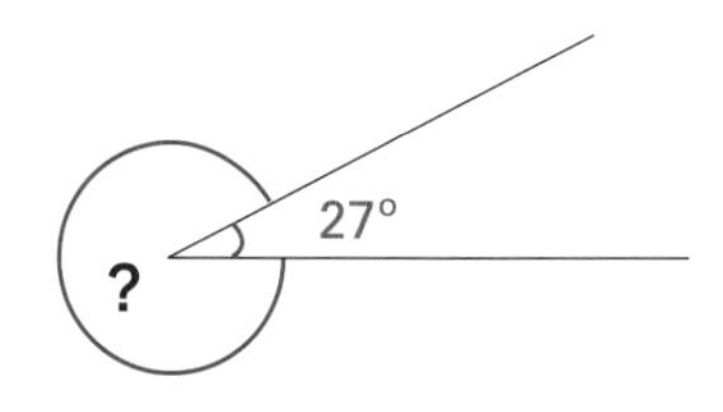

f ? = ____

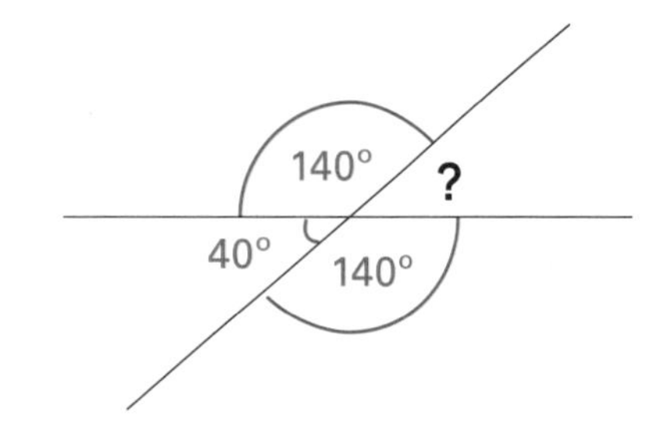

g ? = ____

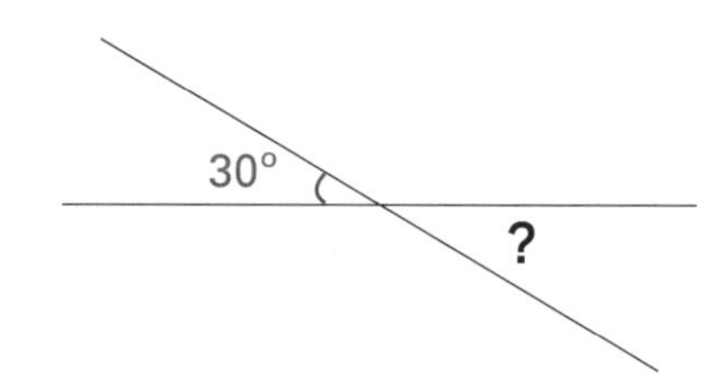

h ? = ____

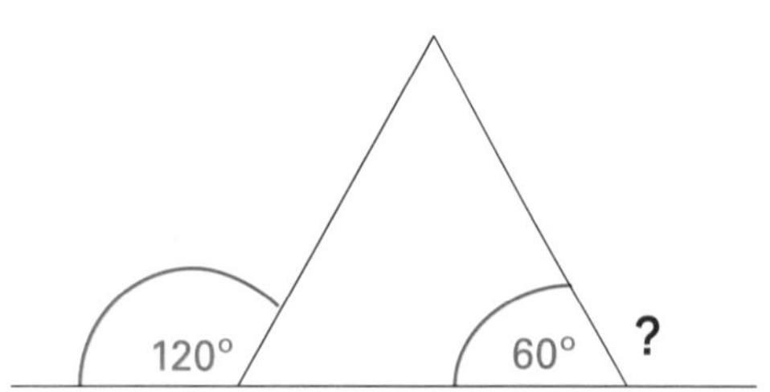

i ? = ____

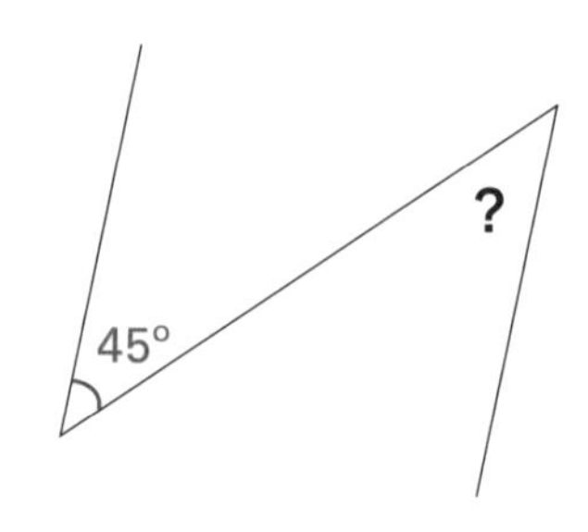

j ? = ____

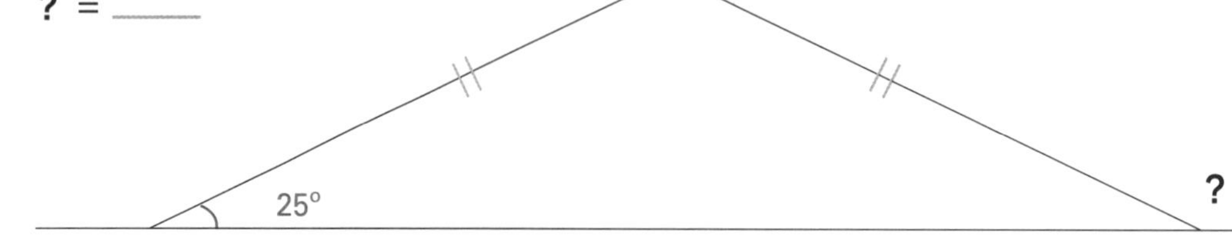

拓展运用

1 写出每个角的大小。

a ∠ a = ______

∠ b = ______

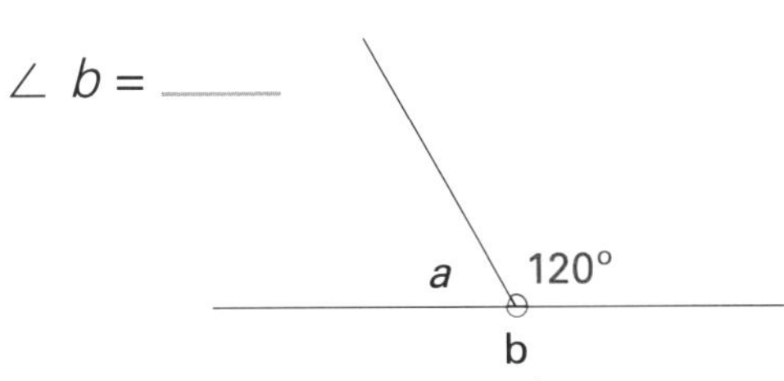

b ∠ a = ______

∠ b = ______

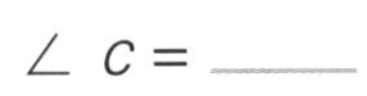

∠ c = ______

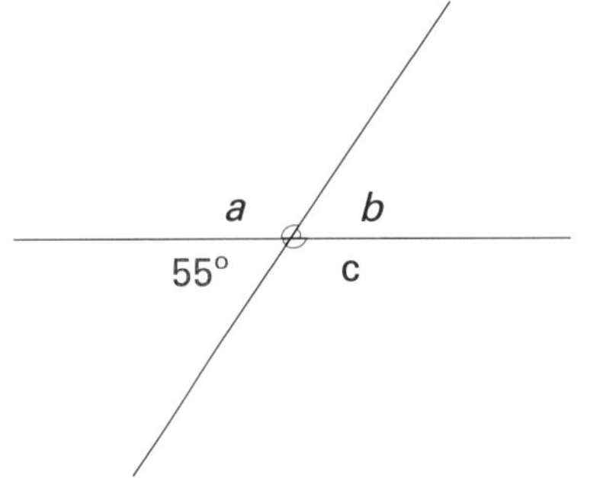

c ∠ a = ______

∠ b = ______

∠ c = ______

48°
b
a
c

d ∠a = ______

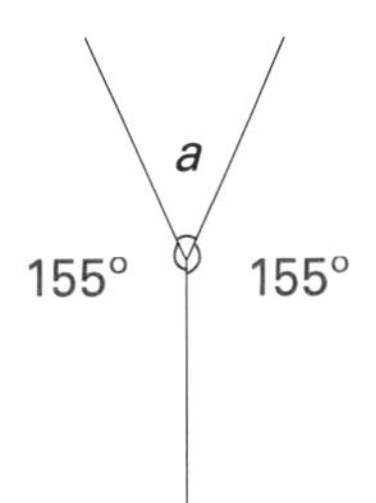

---

2 根据提供的信息，计算下列角的大小。

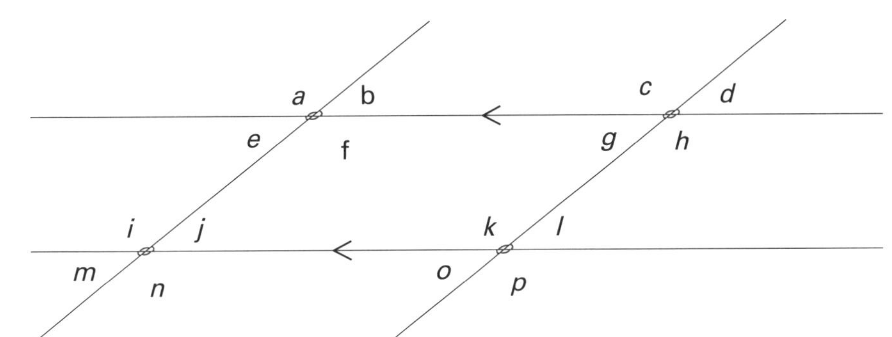

∠ a = 142°　　∠ b = ______　　∠ c = ______　　∠ d = ______

∠ e = ______　　∠ f = ______　　∠ g = ______　　∠ h = ______

∠ i = ______　　∠ j = ______　　∠ k = ______　　∠ l = ______

∠ m= ______　　∠ n = ______　　∠ o = ______　　∠ p = ______

---

3 利用给出的边，画一个平行四边形。
其中，一条边以A为顶点，和AB的
夹角是75°，长3cm。

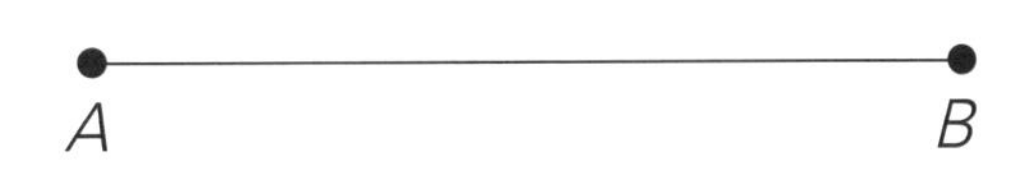

通过下列方法，可以转化图形。

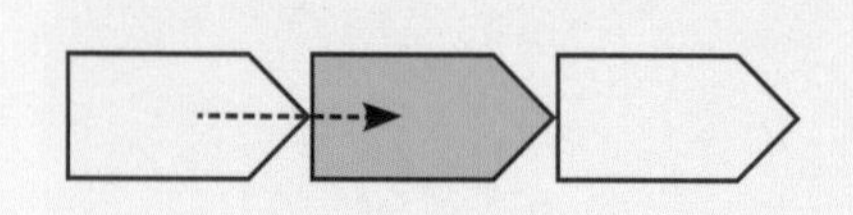

平移（滑动它）

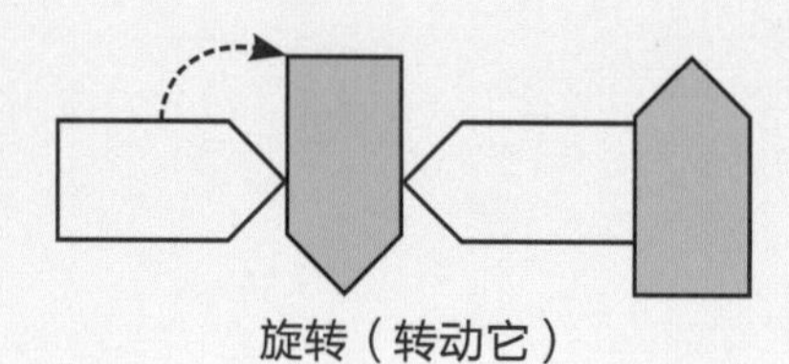

旋转（转动它）

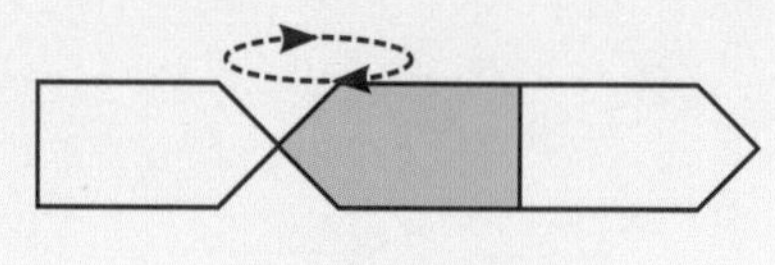

镜像（翻转）

趣味学习

1 下图用了什么转化图形的方法？

a

______

b

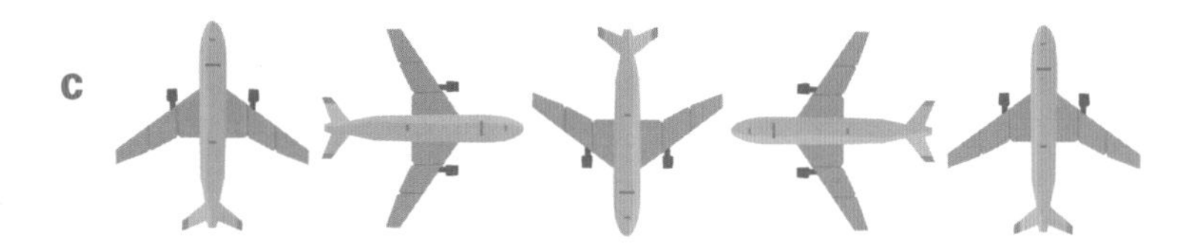

______

c

______

2 a 翻转三角形。

b 旋转五边形。

c 平移平行四边形。

独立练习

可以沿着水平或垂直的方向转化图形。

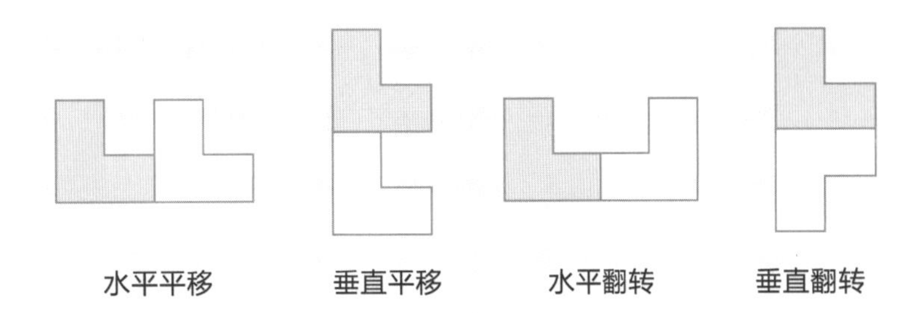

1 描述图形的转化。

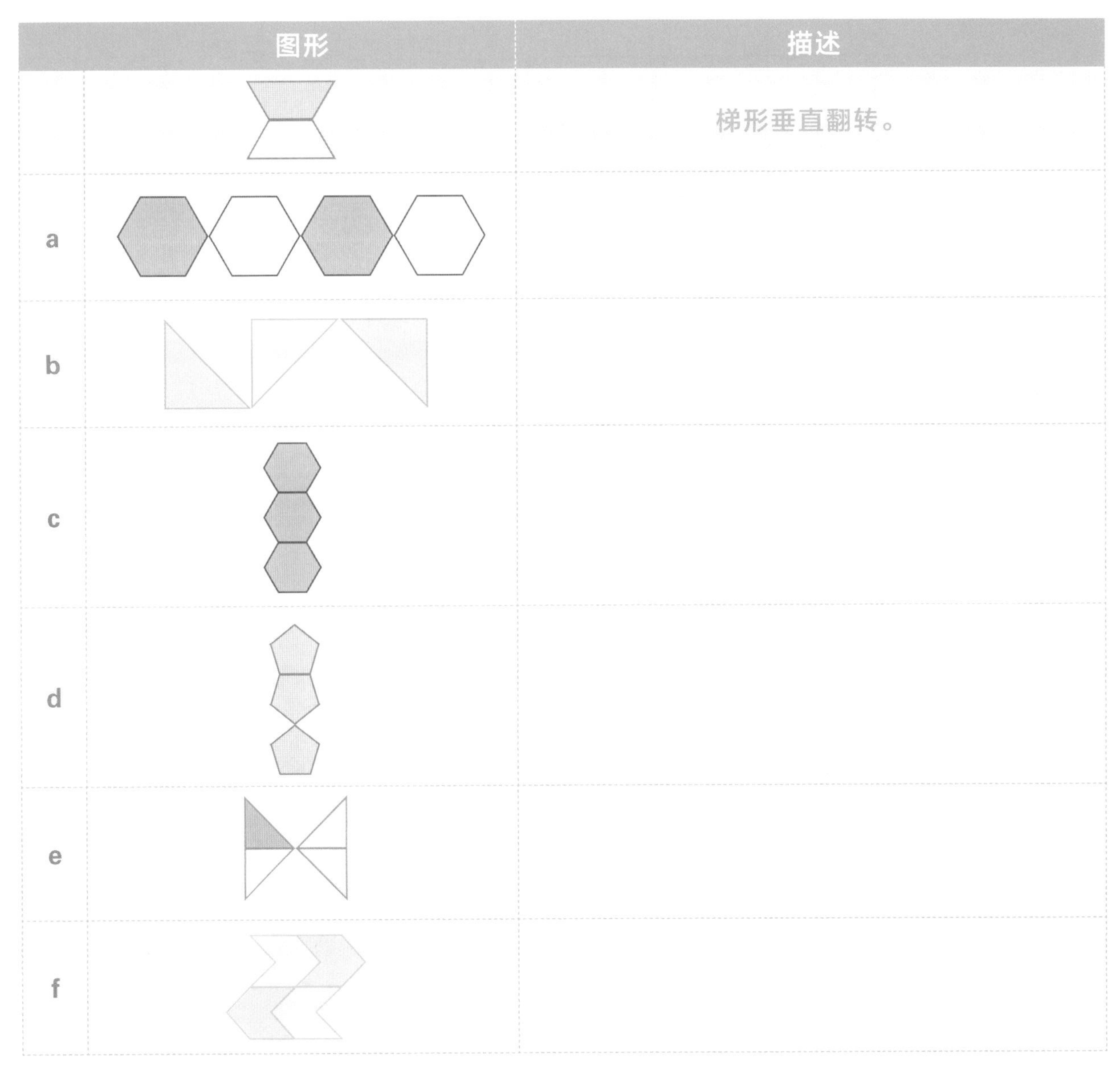

	图形	描述
		梯形垂直翻转。
a		
b		
c		
d		
e		
f		

2 按照规律补全图形，并且说明转化方式。

3 按照规律补全图形，并且说明转化方式(不需要描述颜色的转化)。

a

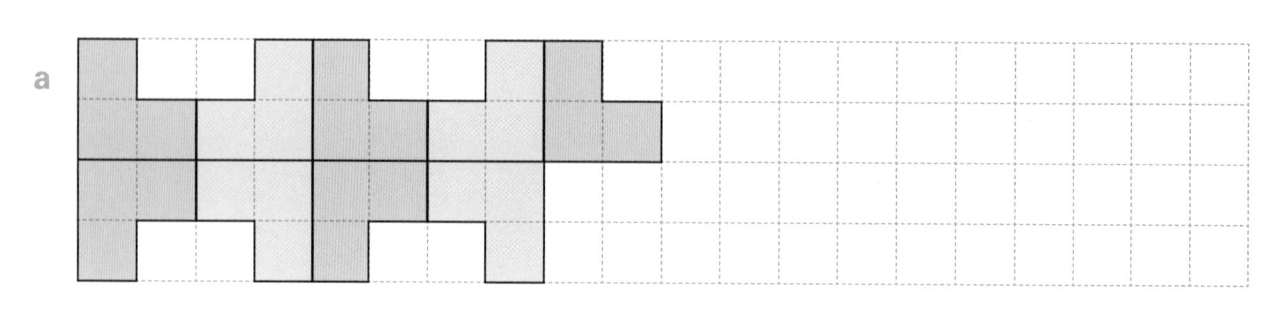

b

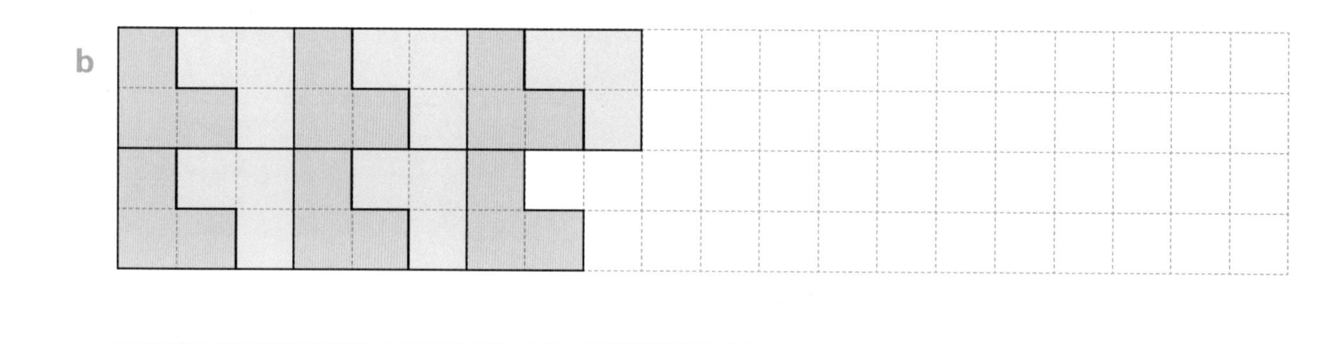

c

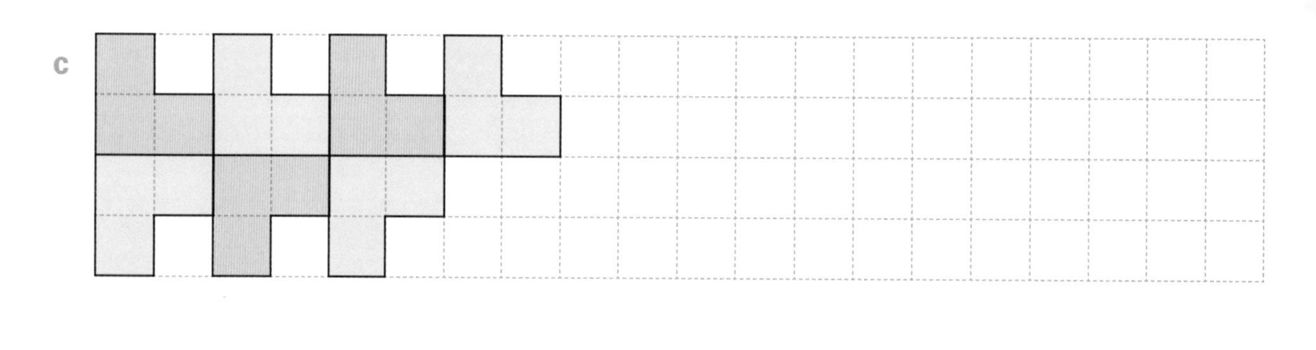

4 使用下面的形状，自己设计一个通过图形转化得到的图案。

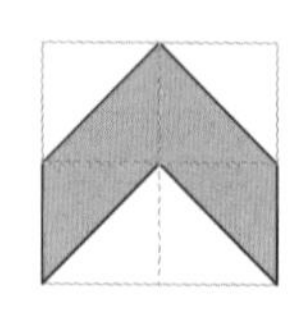

拓展运用

1 完成下列任务，你需要一台带有Microsoft Word或类似软件的电脑。

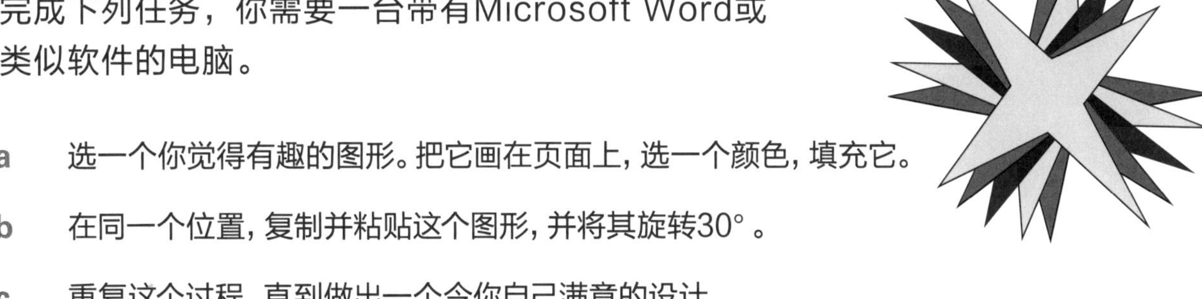

a 选一个你觉得有趣的图形。把它画在页面上，选一个颜色，填充它。

b 在同一个位置，复制并粘贴这个图形，并将其旋转30°。

c 重复这个过程，直到做出一个令你自己满意的设计。

d 保存你的设计并打印出来。

2

a 打开新的Word文档。

b 选择一个基本图形(如此图案中的梯形)。

c 通过单击和拖动，在页面顶部绘制这个图形。

d 复制这个图形，并且粘贴在原图形的旁边。

e 垂直翻转第二个图形，并将其紧贴第一个图形放置。

f 同时选择两个对象。复制、粘贴它们，使它们和原来的图形相连。

g 寻找简便方法继续画图。

h 放置8个图形之后，组合成一个新图形，再复制它们，粘贴在第一行的下面。

i 垂直翻转第二行。

j 继续操作，直到够8行或多于8行。

k 为图形填充你喜欢的颜色。

8.2 笛卡儿坐标系

笛卡儿坐标系是以勒内·笛卡儿的名字命名的。它分为四个象限（或四个部分）。x轴和y轴相交于原点。原点左边的数是负数，原点下面的数是负数。点的坐标用一对数来表示，这对数称为有序数对。读数时，总是先读对应x 轴上的数。

趣味学习

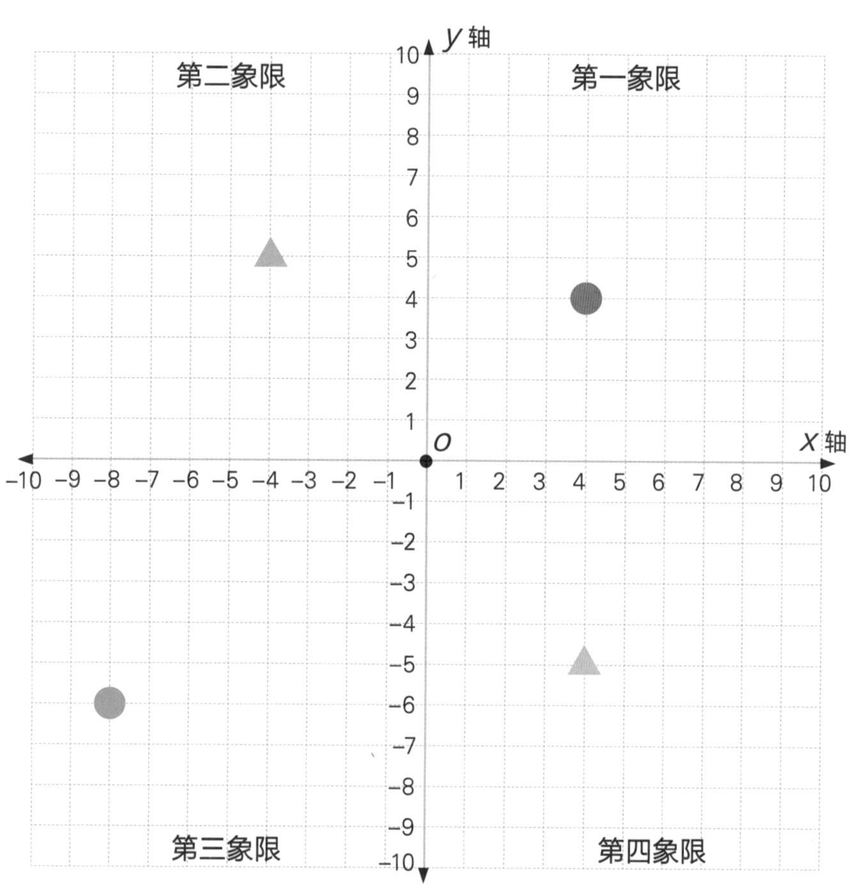

1 蓝色三角形的坐标是(−4，5)。在(4，−5)位置上的图形是什么？

______

2 写出坐标。

a 绿色的圆圈

b 粉色的圆圈

□

3 如果你画一条线段，从(−8，−6)到(4，−5)，它会连接坐标中哪两个图形？

______

4 判断：画一条线连接坐标中两个三角形的中心，它会经过原点。 □

5 a 从(0,0)到(4, −4)画一条线段。

b 它还经过了哪些点？______

c 在(−7, 2)处画一个小正方形。

d 在(9, −3)处画一个笑脸。

独立练习

1 写出下列各点的坐标。

a 黄点

b 绿点

c 红点

d 蓝点

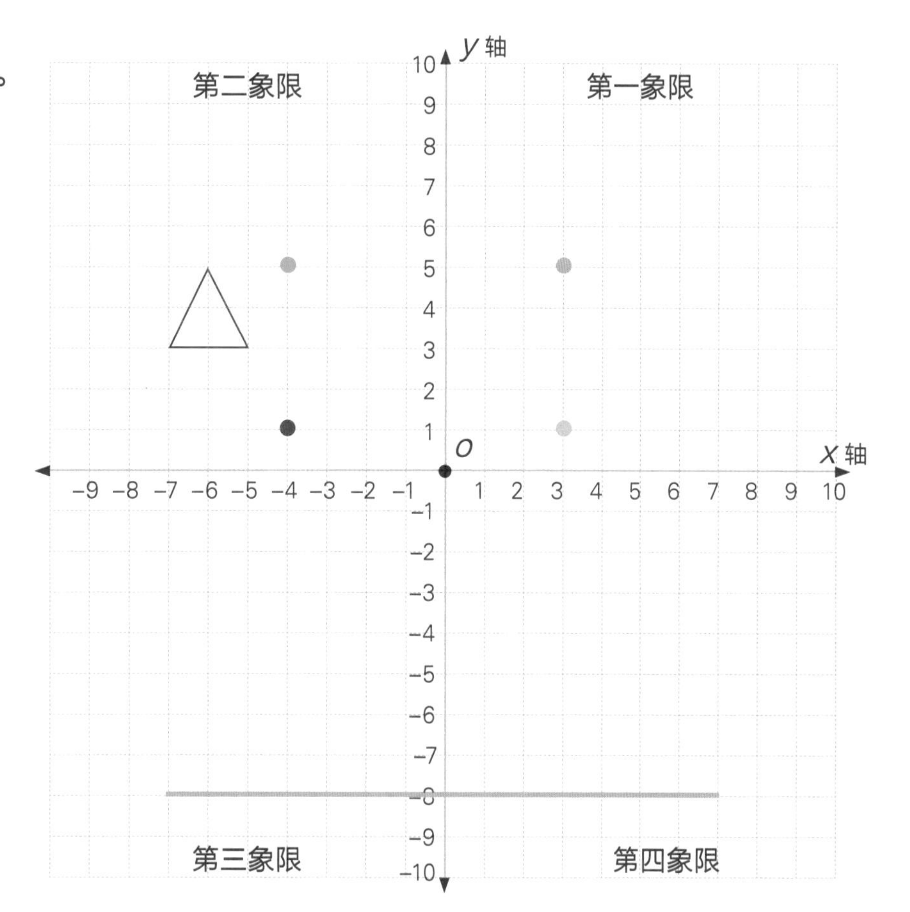

如果你在笛卡儿坐标系上画一条线段，可以用箭头连接的两个点来表示这条线段。例如，你可以用(−7，−8)⟶(7，−8)来表示图中的蓝线。

2 完成第1题中红色三角形的有序数对。

(−7, 3) ⟶ (−5, 3) ⟶ ☐ ⟶ ☐

---

3 用箭头和有序数对表示出你是如何连接第1题中的四个点，并且画出长方形。注意长方形是封闭的。

4 a 在第四象限画出一个简单的平面图形。

b 写出你所画图形对应的有序数对。

5 根据下列有序数对，画图形。

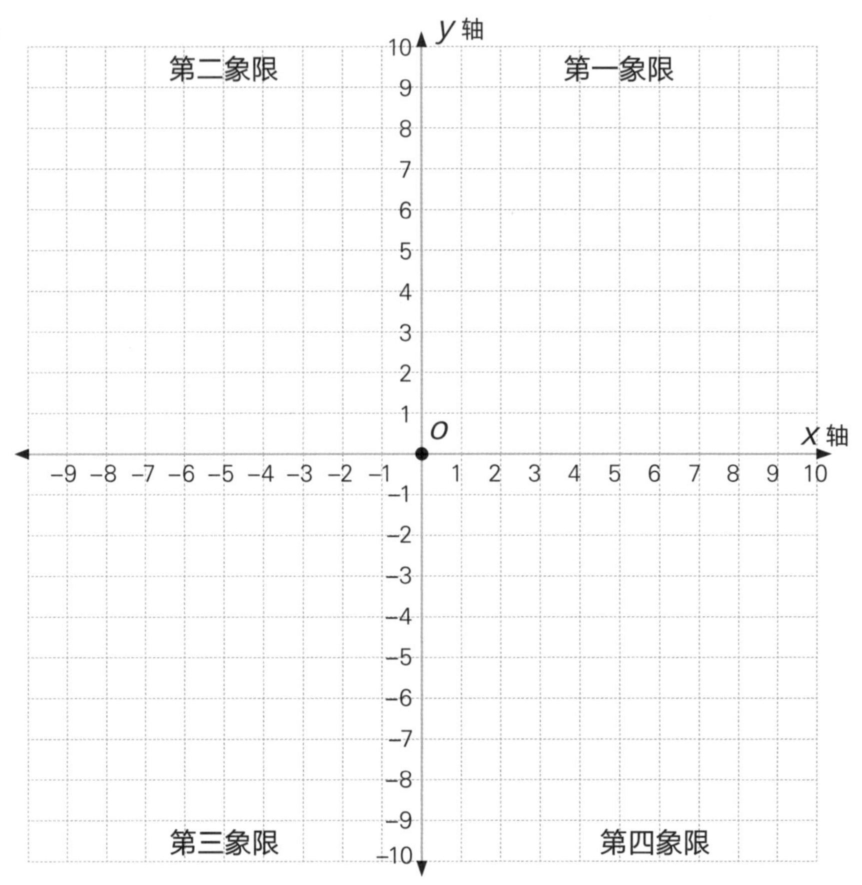

a (4, 6) ⟶ (8, 6) ⟶ (8, 10) ⟶ (4, 10) ⟶ (4, 6)

b (5, 8) ⟶ (5, 7) ⟶ (7, 7) ⟶ (7, 8)

c 在(5, 9), (6, 8), (7, 9)处画点。

---

6 a 在第二象限画一些点，并用有序数对表示，让这些点可以组成一个大的六边形。

____

b 在第三象限画一些点，并用有序数对表示，让这些点可以组成一个大的五边形。

____

c 在第四象限画一些点，并用有序数对表示，让这些点可以组成一个大的八边形。

____

d 在第一象限画一个图形，并且用有序数对表示图形的各个顶点，以便其他人能画出同样的图形。

____

拓展运用

威尔的卧室总是不太整洁。有一天，他的妈妈实在是忍无可忍，就把威尔留在地板上的所有东西都藏了起来。当威尔回到家时，他发现房间的正中间有一把椅子。

威尔的妈妈让他坐在椅子上，并给了他一份坐标系图纸和一张坐标对应物品的列表。列表上写出了他留在地板上的所有东西的位置。她说如果威尔能在坐标系上把坐标点都画对了，就可以拿回这些东西。

在坐标系中标出威尔在房间里留下的所有物品。用字母表示每个物品(或者在每个坐标点旁画一个图示)。

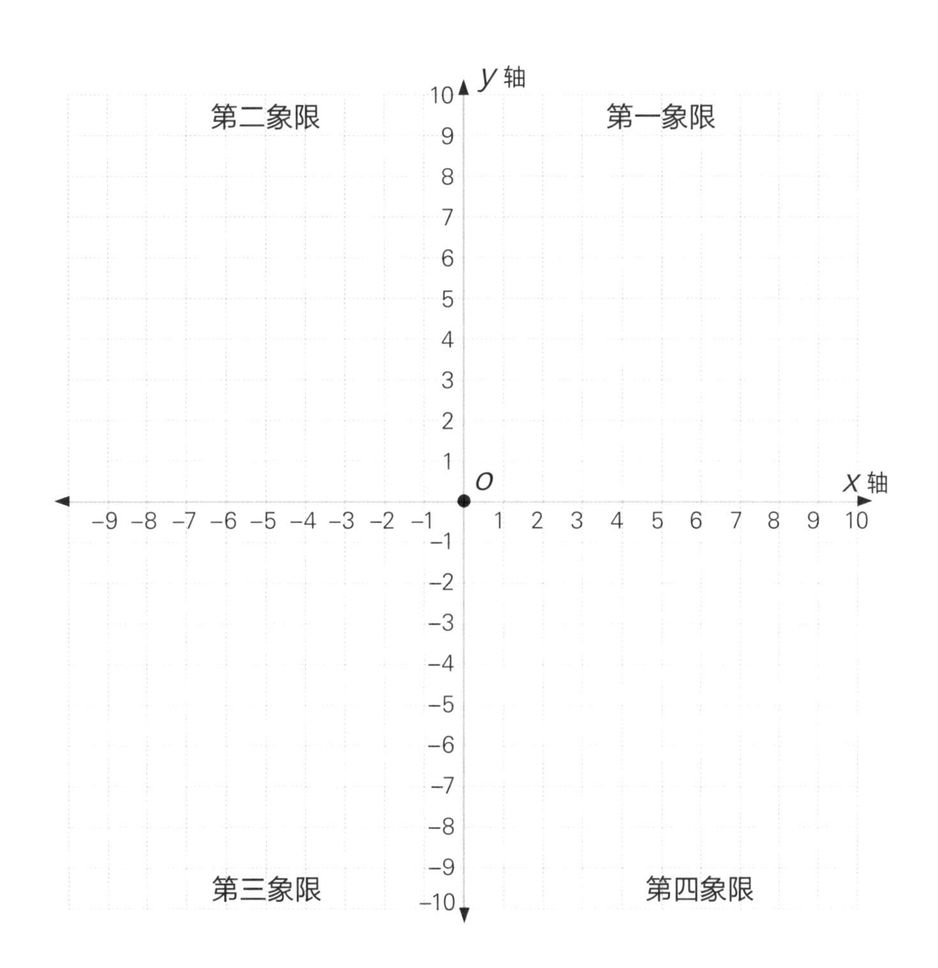

A	音乐播放器(2, 5)	*B*	智能手机(− 3, 3)	*C*	手表(1, −2)
D	右脚的鞋子(− 3, 6)	*E*	左脚的鞋子(3, −6)	*F*	铅笔盒(−4, 4)
G	计算器(−6, 4)	*H*	梳子(4, 2)	*I*	除臭剂(−3, −2)
J	电子游戏机(5, 7)	*K*	钱包(5, −3)	*L*	书包(−5, 1)
M	衬衫(−2, −7)	*N*	牛仔裤(3, −2)	*P*	袜子(−2,1)

第9单元　数据的表示和分析

9.1 收集、表示和分析数据

统计图是表示数据常用的方法。统计图有不同类型，使用哪种类型取决于要表示的内容。

趣味学习

1 下面分别是横向条形图和纵向条形图。

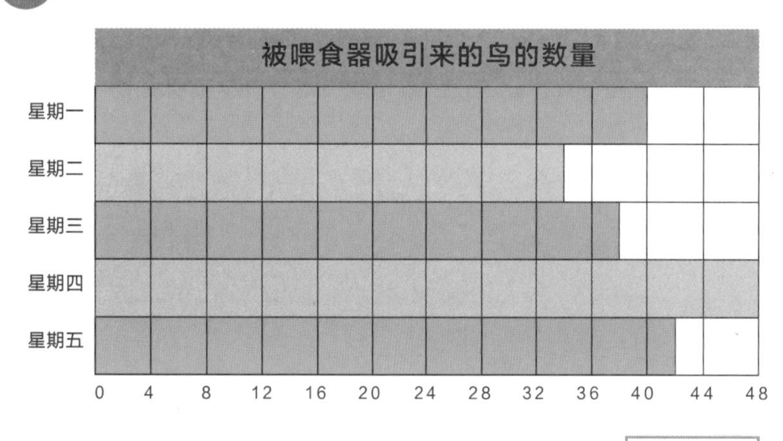

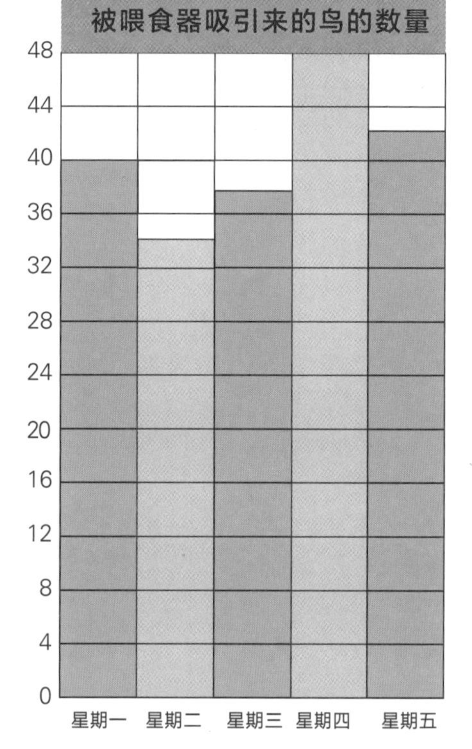

a　星期五来了多少只鸟？

b　星期三来的鸟的数量比星期一的少了多少？

2 这是一个散点图。

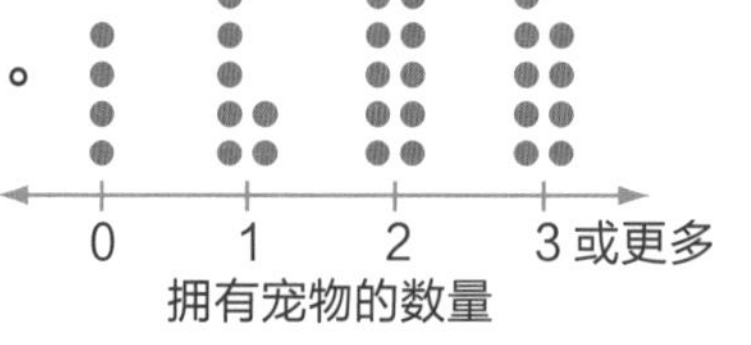

在这组数据中，找一找拥有几只宠物的人数最多？

3 这是一个折线统计图。

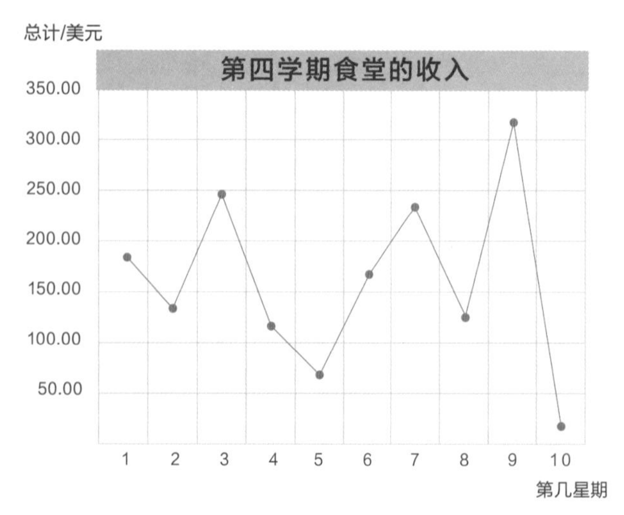

估计一下食堂第9星期的总收入 ________

4 这是一个象形统计表。

图表显示每个人拥有的贴纸数量。

特兰比山姆多多少张贴纸？ ________

独立练习

1 a 使用统计表中的信息制作一个象形统计图。

六年级学生最喜欢的颜色					
颜色	红色	黄色	蓝色	绿色	紫色
人数	24	10	26	19	13

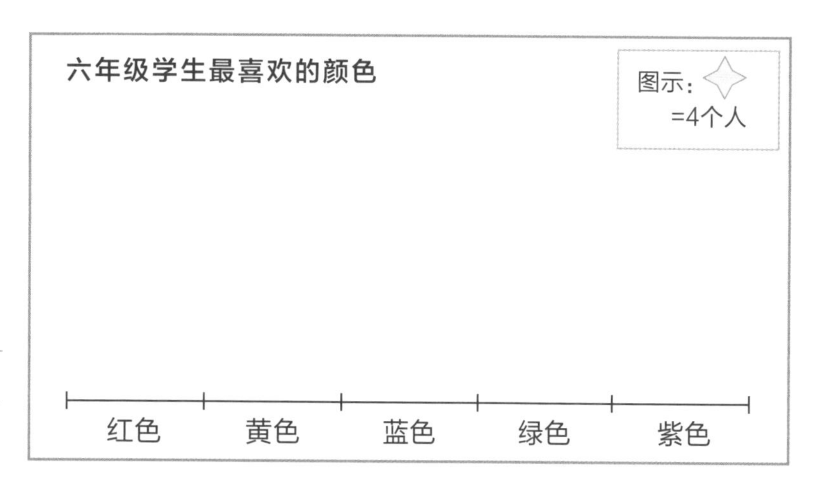

b 最受欢迎的两种颜色对应的总人数和最不受欢迎的两种颜色对应的总人数相差多少？

2 把你最喜欢的颜色和其他五个人最喜欢的颜色也填写到第1题的统计图中，重新写统计表。

六年级学生最喜欢的颜色					
颜色	红色	黄色	蓝色	绿色	紫色
人数					

3 a 使用适当的比例，将第2题中的信息画在一个条形统计图上。

b 使用象形统计图或条形统计图表示这类信息，哪个更好？说明你的理由。

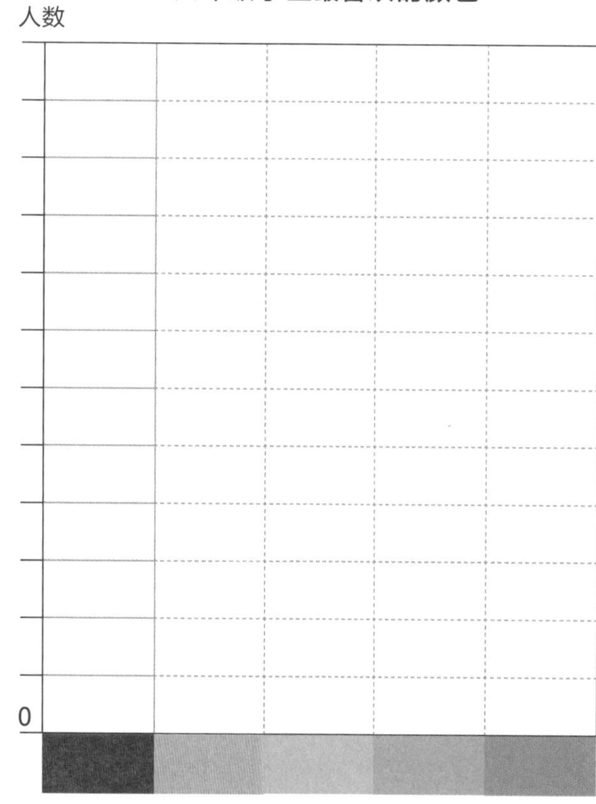

4 这些数据显示了某滑雪场每小时的温度。

时间	07:00	08:00	09:00	10:00	11:00	12:00	13:00	14:00	15:00	16:00	17:00
温度	0°C	1°C	2°C	3°C	7°C	8°C	8°C	6°C	5°C	2°C	1°C

a 用折线统计图表示这些信息，记得标记单位长度。

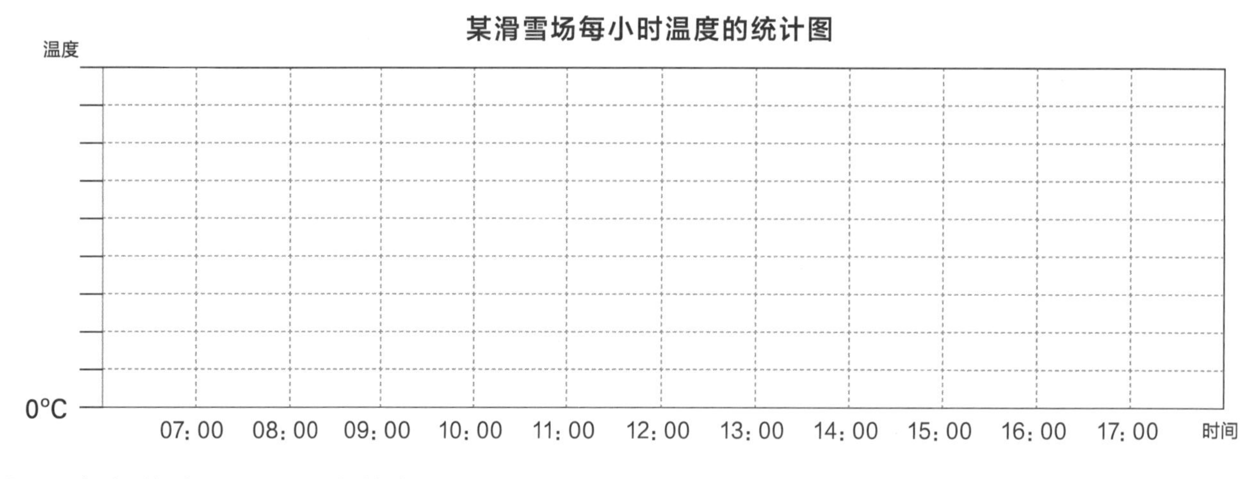

b 根据统计图，写出两条信息。

____

____

5 收集你们班上同学的橡皮颜色的有关数据，填写统计表。

橡皮类型	白色		黄色		黑色		其他	
	长	短	长	短	长	短	长	短
数量								

a 选择合适的统计图表示数据。网格可能会帮助到你。

b 根据统计图，写出两条信息。

____

____

____

____

确保你的统计图要易于理解。

拓展运用

1 右边扇形统计图显示的5个名字，是从2000—2010年澳大利亚最受欢迎的100个女宝宝的名字中选出来的。

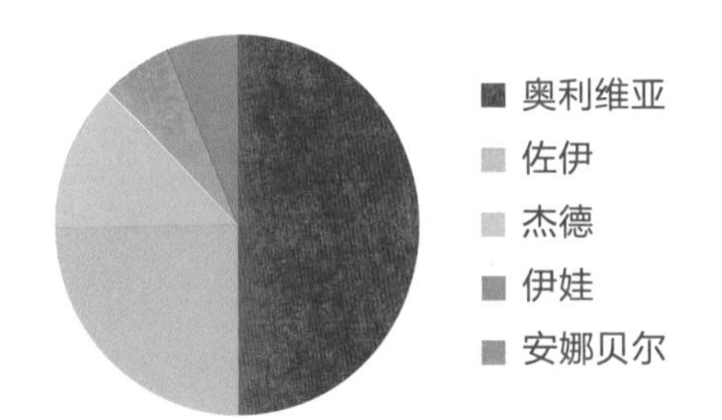

a　哪三个名字的女宝宝人数总和与叫佐伊的女宝宝人数差不多?

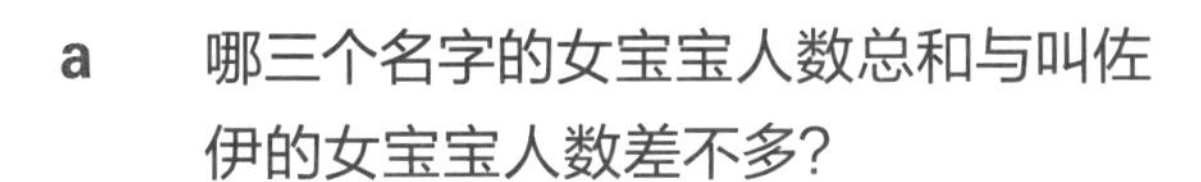

b　名字是奥利维亚的女宝宝差不多占了扇形统计图的一半，名字是伊娃的女宝宝占了几分之几?

2 用条形统计图表示和第1题中一样的信息。

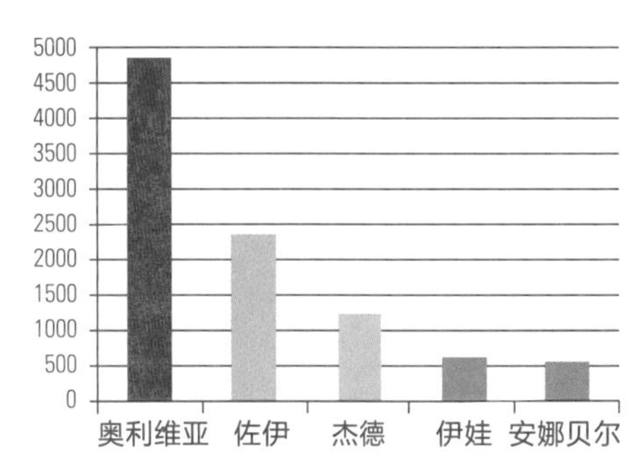

a　什么信息在条形统计图中表示了，却没有在扇形统计图中表示?

b　名字是杰德的女宝宝有1234个，叫伊娃的女宝宝比叫安娜贝尔的多14个。估算一下叫伊娃和安娜贝尔的女宝宝人数。

3 最受欢迎的男宝宝名字的扇形统计图与女宝宝名字的扇形统计图有什么相似点和不同点？写写你的发现。

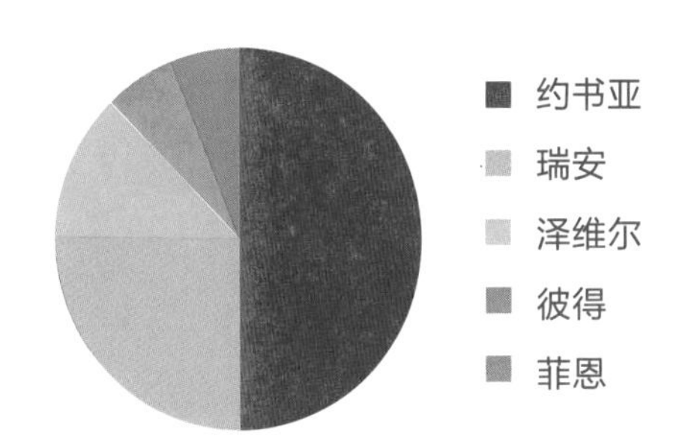

4 用条形统计图表示和第3题中扇形统计图一样的信息。

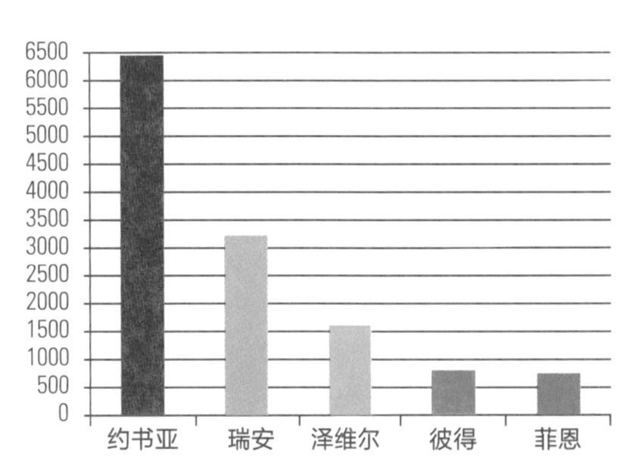

a　名字叫泽维尔的男宝宝人数大约是1600个。你估计一下准确的人数是多少?

b　根据两个统计图中显示的数据，最受欢迎的男孩名字人数和最受欢迎的女孩名字人数相差多少?

9.2 媒体中的数据

自己收集的数据叫作原始数据。还有些图表是基于二手数据的。二手数据指的是人们使用的别人收集的数据。

趣味学习

1 下列内容是基于原始数据还是二手数据呢？

a 在阅读了杂志上的一篇文章后，你制作一张关于十大度假胜地的图表。

____

b 你制作一张关于你们组组员最喜欢的食物的图表。

____

当电视节目或报纸收集关于人们想法的数据时，不可能问到每个人，调查员常常会做一个抽样调查。若是调查了每个人的观点，就叫作普查。

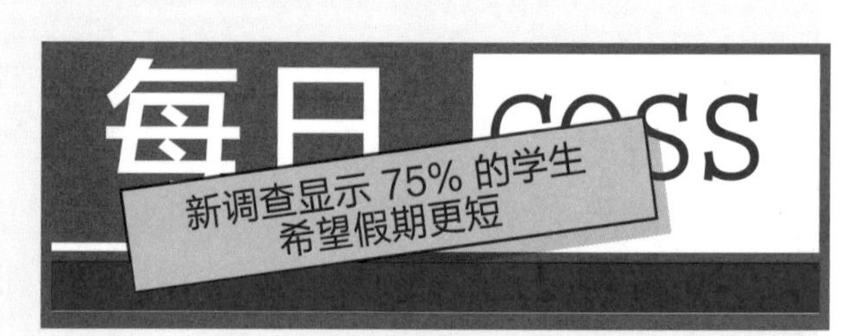

2 下列这些调查更像是抽样调查还是普查？

a 手机公司想知道人们更喜欢哪种手机尺寸。

____

b 二年级的一个班级做了一张关于本班同学最喜欢的颜色的图表。

____

c 校长想知道家长们对新校服的看法。

____

d 报社老板想知道当地人对建一个新的滑板公园有什么想法。

____

3 六年级的老师想知道学生们是愿意在学校的午餐时间，还是愿意在家来完成科学任务，她调查了24名学生中的8人。

a 她收集的数据是原始数据还是二手数据？

____

b 这是抽样调查还是普查？

____

独立练习

1 六年级的老师做了一个关于学生何时完成科学任务的调查，校长据此做了一个图表，并发表在校报上。校长的图表是基于原始数据还是二手数据？

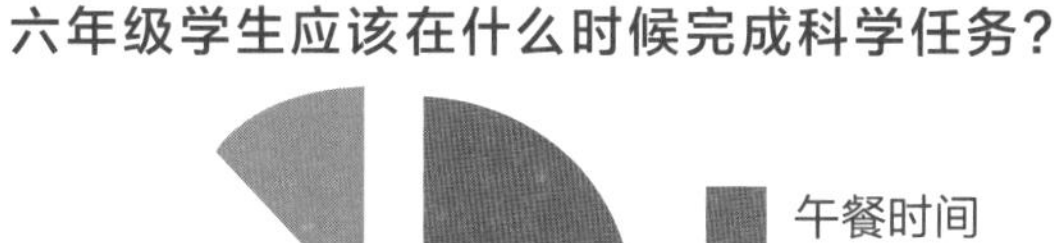

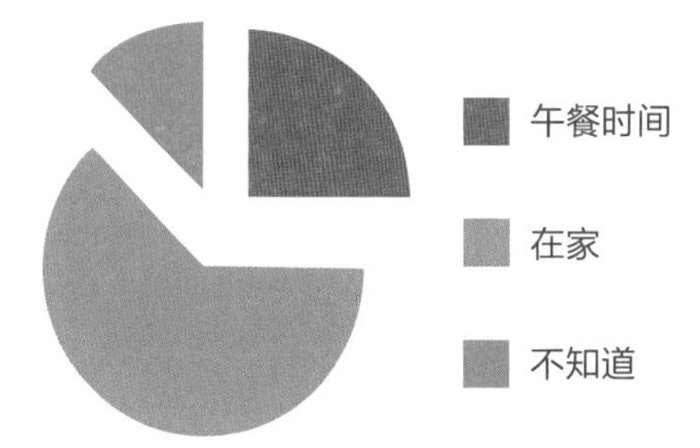

---

2 看看上面图表中的信息。老师调查了班上的8名学生。

a　8名学生中有多少人想在家做这个任务？

b　有多少人回答“不知道”？

---

3 校长在校报中写道：“大多数参与调查的学生更喜欢在家完成科学任务。”这个说法对吗？给出你的理由。

---

4 一位家长联系校长说：“如果对24名学生全部进行调查，结果可能会不一样。”这个说法正确吗？在正确的选项下面画线。

- 这是正确的。
- 这不是正确的。
- 这可能是正确的。

---

5 报社老板看到了校报，根据这则新闻写了一个报道的标题。

这个基于事实的标题是否正确？
在正确的选项下面画线。

- 部分正确。
- 这绝对是正确的。
- 绝不可信。
- 可能是正确的。

最近的调查显示，我们镇上大多数学生想要更多的家庭作业。

6 你知道澳大利亚人人均每年在电子游戏上的花费比美国人多吗？英国的孩子花钱最多！下面的数据是真实的，但是报纸的标题是假的。

a 根据图表，每个澳大利亚人每年大约花多少钱在电子游戏上？

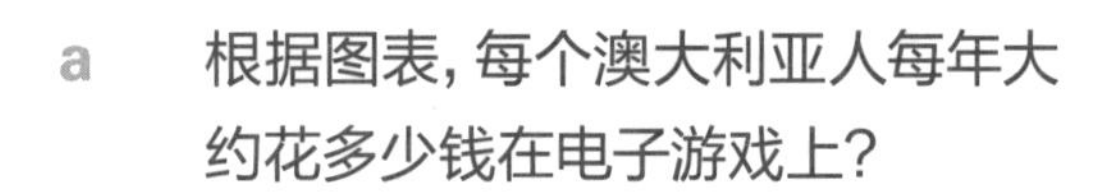

b 在排名前10的国家中，有多少国家每人每年在电子游戏上的花费超过100.00美元？

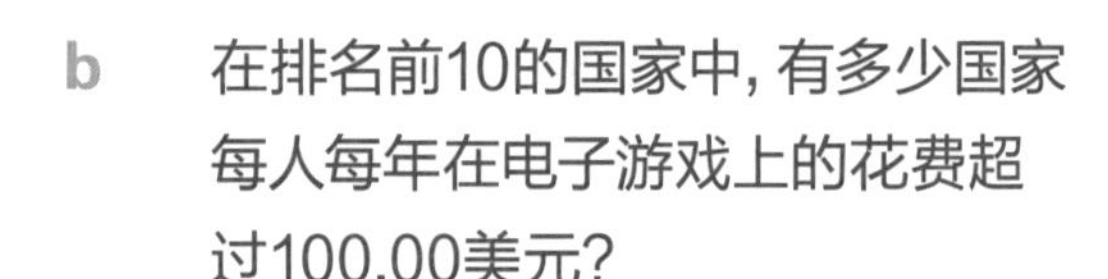

c 根据图表，每个意大利人每年大约花多少钱在电子游戏上？

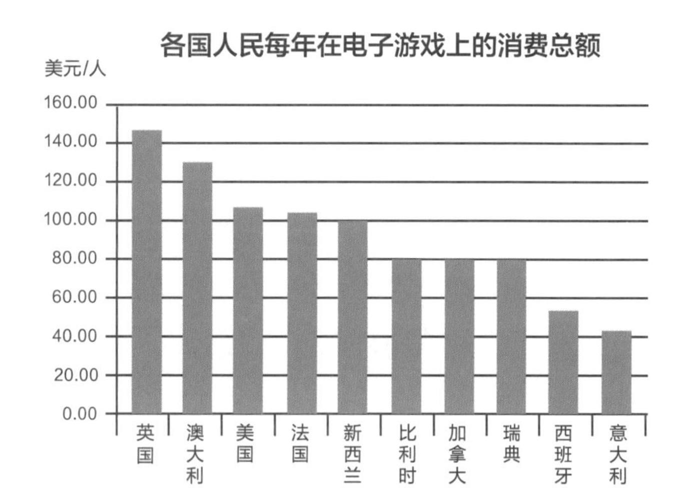

7 英国的一位电视节目主持人在报纸上看到了这篇关于电子游戏的文章。他告诉观众："电子游戏让我们的孩子变得懒惰。我们现在就应该做出改变。欢迎致电我们，说出你的想法！"后来，这位主持人告诉观众，他的调查显示，90%的父母希望禁止儿童玩电子游戏。

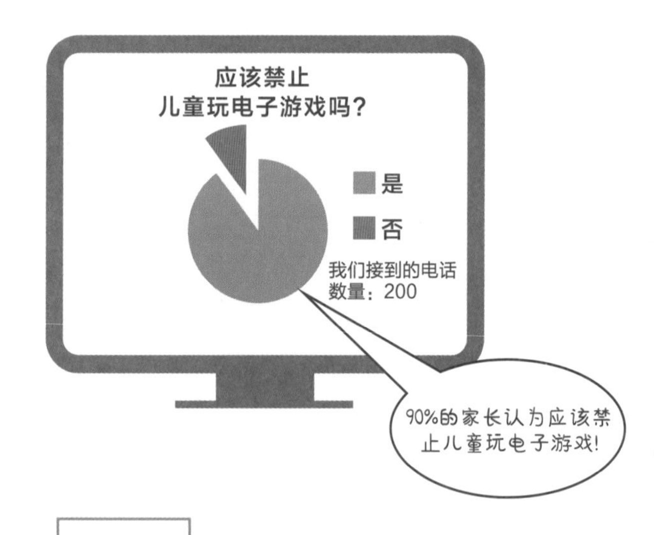

a 电视节目主持人进行的是普查还是抽样调查？

b 你认为主持人的说法正确吗？给出你的理由。

c 有多少位家长对主持人的问题回答了"是"？

拓展运用

最新调查显示，大多数人想要一个新的快餐店。

某个小镇大约有8000人。当地报纸发表了一篇文章，内容是关于当地高中旁边正在建一家新的快餐店。这篇文章是基于一组对学生进行的调查而写成的。100名学生接受了调查。

1 **a** 调查学生，所用的调查方法是抽样调查还是普查？

b 报纸使用的是原始数据还是二手数据？

2 **a** 大多数人说开快餐店是个好主意，这可能有多少人？

b 被调查者中持反对意见的百分比最大是多少？

c 报纸没有提及谁接受了调查，有人就此向报社编辑投诉。你认为主要投诉的是什么？

3 一个星期后，这家报社发表了道歉声明。文章写道，被调查的100人都是这所高中的学生，其中97人认为开快餐店是个好主意。

a 调查结果在哪些方面没有客观地反映民意？

b 你觉得怎样调查才能更客观？

c 再看看报纸的标题，评论一下它的真实程度。

4 调查问卷上显示：餐厅已承诺每周免费派发50个汉堡。你希望学校旁边开一家新的快餐店吗？

a 为什么包含关于免费汉堡的部分是不恰当的？

b 写一个调查问卷，使之可以客观了解到人们对新餐厅的看法。

9.3 极差、众数、中位数和算术平均数

极差、众数、中位数和算术平均数都是数据统计和分析中要用到的概念。我们可以将这些测试的分数表示成极差、众数、中位数和算术平均数。

第N次测试	1	2	3	4	5
分数	8	4	3	2	8

趣味学习

极差

极差是一组数中最大数和最小数的差值。在上述测试分数中，最大数与最小数的差是8 − 2 = 6，所以极差就是6。

1 找出这几组数的极差。

a 22%, 16%, 64%, 80%, 31% ______　　b 75, 81, 150, 110, 95 ______

众数

众数是一组数中出现次数最多的数。在以上测试分数中，8出现的次数比其他数多，所以8是众数。众数有时用来表示一组数据的平均水平。

2 找出这几组数的众数。

a 35%, 34%, 44%, 35%, 31% ______　　b 75, 76, 75, 76, 76 ______

中位数

中位数是按从小到大顺序排列的一组数据中，居于中间位置的数。上表的分数从小到大排序依次为2，3，4，8，8。中间的数是4，所以4是中位数。中位数也可以表示一组数据的平均水平。

3 找出这几组数的中位数。

a 76%, 44%, 24%, 15%, 71% ______　　b 15, 16, 25, 26, 15 ______

算术平均数

要求算术平均数，先求出一组数据中所有数据之和，再除以这组数据的个数。在以上的分数中，5个数的总和是25，然后用25除以5，结果是5，所以平均分是5分。算术平均数是最常用作表示数据平均水平的数。

4 找出这几组数的算术平均数。

a 36%, 20%, 36%, 24%, 34% ______　　b 15, 16, 14, 13, 17 ______

独立练习

1 这张表格显示了四个星期内每天的最低温度。把每星期的温度按照从低到高的顺序排列，然后求出极差、众数、中位数和平均温度。

第几星期	7天最低温度/℃	排序/℃	极差/℃	众数/℃	中位数/℃	平均温度/℃
1	3, 6, 7, 9, 7, 8, 2					
2	1, 3, 2, 9, 7, 7, 6					
3	9, 6, 8, 8, 10, 7, 8					
4	10, 9, 10, 8, 7, 3, 2					

2 这组数据有6个数，没有中间数。

5, 6, 7, 8, 9, 10

如果有一组数据，个数为偶数，要求中位数，请将中间两个数相加，然后将和除以2。 在上面的数列中，中间的两个数是7和8，和是15，$15 \div 2 = 7\frac{1}{2}$ 或7.5，这就是中位数。找出下列这几组数的极差和中位数。

数列	排序	极差	中位数
8, 2, 6, 4, 10			
25, 14, 17, 12, 6, 4			
12, 8, 2, 6, 2, 5, 21			
82, 23, 3, 8, 15, 3, 16, 2			

中位数不总是出现在数列中。

3 下面这组数据没有众数，因为没有哪个数出现的次数比其他数出现的次数多。

25, 16, 11, 17, 19

求下列几组数的众数和算术平均数。如果没有众数，则写“无”。

数列	众数	算术平均数
8, 2, 6, 4, 10		
25, 14, 17, 12, 6, 4		
12, 8, 2, 6, 2, 5, 21		
82, 23, 3, 8, 15, 3, 16, 2		

4 这个统计图对伦敦和悉尼一年中各月日平均日照时长进行了比较。

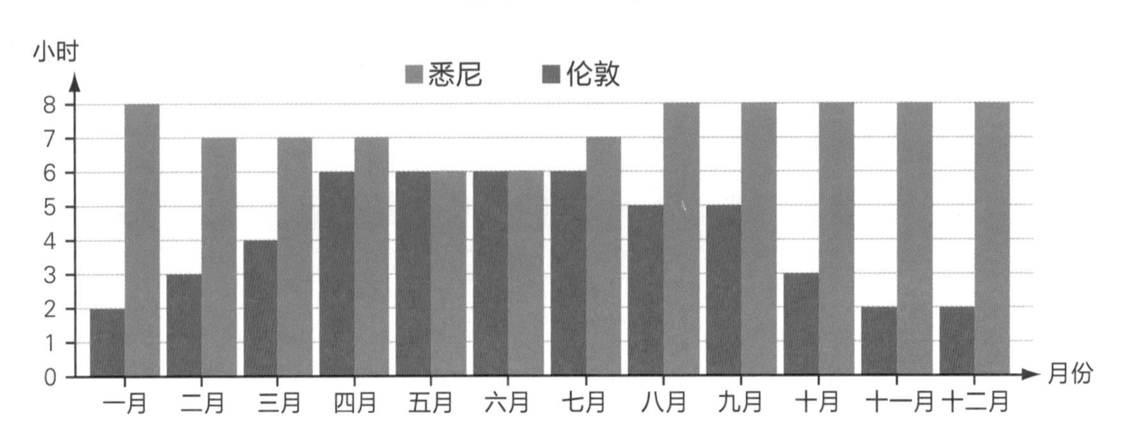

a 结合统计图，不做任何计算，估测全年日平均日照时长。

	悉尼	伦敦
日平均 日照时长		

b 计算全年日平均日照时长。

	悉尼	伦敦
众数		
算术平均数		

c 众数和算术平均数哪个更难估测？为什么？

____

____

d 悉尼和伦敦的日照时长众数，哪个更接近中位数？ ______

e 伦敦较冷的月份是十月到三月。一年中较冷月份的日平均日照时长和较暖月份的日平均日照时长相差多少？ ______

f 悉尼比较暖和的月份是十月到三月。一年中较冷月份的日平均日照时长和较暖月份的日平均日照时长相差多少？ ______

拓展运用

用众数、中位数或算术平均数来分析数据，哪个是最佳方法呢?

1 用平均数解读一组数据可能是有用的，但也有可能起误导作用。人们需要用适当的方法解读数据。右边这个统计图显示了山姆五个星期内的拼写测试成绩。山姆用众数来表示平均分。他告诉家人：“我在拼写测试中的平均成绩是10分（满分10分）。”

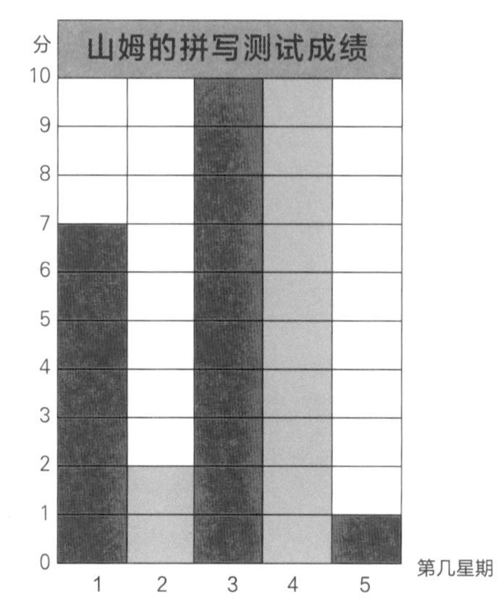

a 山姆说他的平均成绩是10分(满分10分)，你觉得对吗?

b 为什么10分(满分10分)不能真实反映山姆的平均水平?

c 用中位数表示山姆的成绩是多少? ________

d 用算术平均数表示山姆的成绩是多少? ________

2 下面是山姆接下来10次测试的分数（满分20分）。

19, 20, 19, 19, 20, 20, 1, 19, 19, 19

a 极差是多少? ________

b 众数是多少? ________

c 中位数是多少? ________

d 算术平均数是多少? ________

e 你认为用哪个数能最好地反映山姆的拼写水平?给出你的理由。

____

3 亚历克斯在夏季记录了一个星期的中午气温。完成表格，要使得气温的算术平均数是29℃。

星期几	温度 / ℃
日	28
一	29
二	
三	24
四	
五	
六	27

第10单元 可能性　10.1 概　率

一个转盘被分为了10个区域，指针指向蓝色区域的概率是多少？
可以用不同的方法来描述概率。

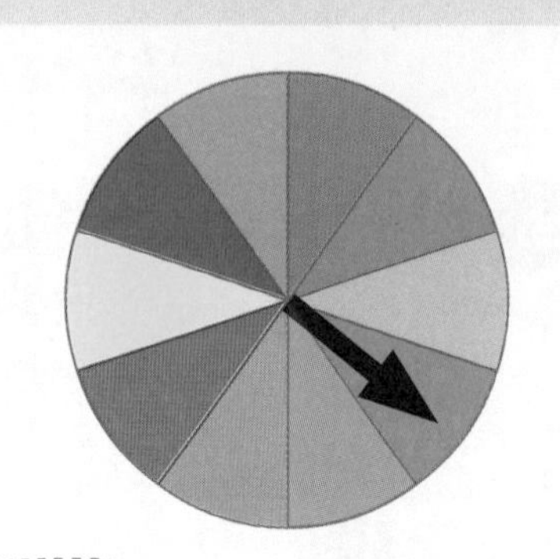

文字描述：不太可能。

用分数：有$\frac{1}{10}$（十分之一）的机会。

用百分数：有10%的机会。

趣味学习

相信你都做对了。

1 使用概率相关的词汇：一定、极有可能、可能、一半概率、不太可能、极不可能和不可能来描述下列事件发生的概率（试着每个事件用一种描述方式）。

a　下一个出生的婴儿是个男孩。　＿＿＿＿＿＿

b　你会收到生日礼物。　＿＿＿＿＿＿

c　10分钟后，你将飞向月球。　＿＿＿＿＿＿

d　在接下来的10分钟内有人会微笑。　＿＿＿＿＿＿

e　明年的1月1日是元旦。　＿＿＿＿＿＿

f　你下个月将上电视。　＿＿＿＿＿＿

g　在接下来的 10 分钟内，你会听到狗叫声。　＿＿＿＿＿＿

这个转盘的各个颜色不是平均分布的。

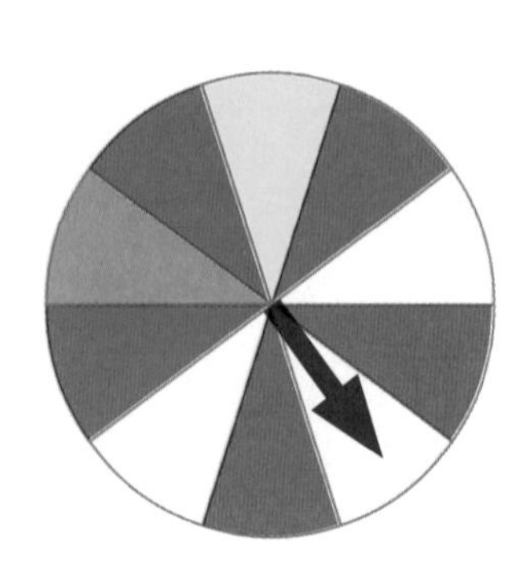

2 转盘的指针有一半的机会落在红色区域。用分数表示落在黄色区域的概率。　＿＿＿＿＿＿

3 转盘的指针有10%的机会落在蓝色区域。用百分数表示落在红色区域的概率。　＿＿＿＿＿＿

4 转盘的指针落在黄色区域的概率用小数表示是0.1。用小数表示落在白色区域的概率。　＿＿＿＿＿＿

独立练习

1 天气预报预测明天下雨的可能性不大。哪个百分数最能表示此概率？在它的下面画线。

100%　　0%　　15%　　50%　　75%

2 写出转盘指针落在这些区域的概率，其中第一个用分数表示，第二个用百分数表示，最后一个用小数表示。

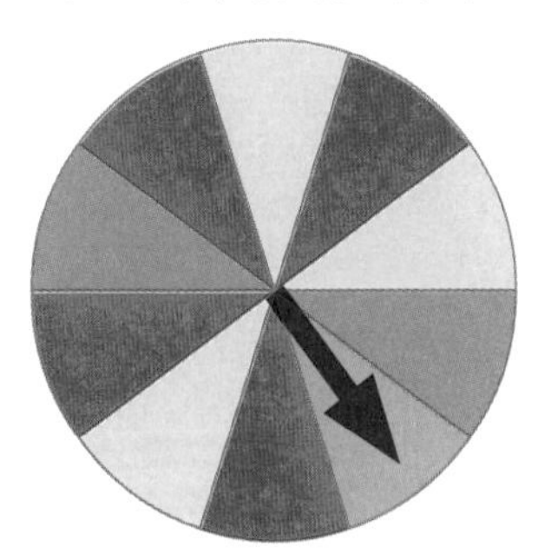

a　绿色　________

b　红色　________

c　蓝色　________

3 第2题中的转盘指针不落在绿色区域的概率是多少？

4 写出一些事件，要求它们发生的概率满足下列情况：

a　0.9的可能性。________

b　5%的可能性。________

c　二分之一的可能性。________

d　0.25的可能性。________

e　100%的可能性。________

5 给这个转盘涂色，满足下列概率的要求：

- 落在黄色区域的可能性是20%。
- 落在蓝色区域的可能性是十分之三。
- 落在绿色区域的可能性是0.2。
- 落在红色区域的可能性不大。
- 落在白色区域的可能性是$\frac{1}{5}$。

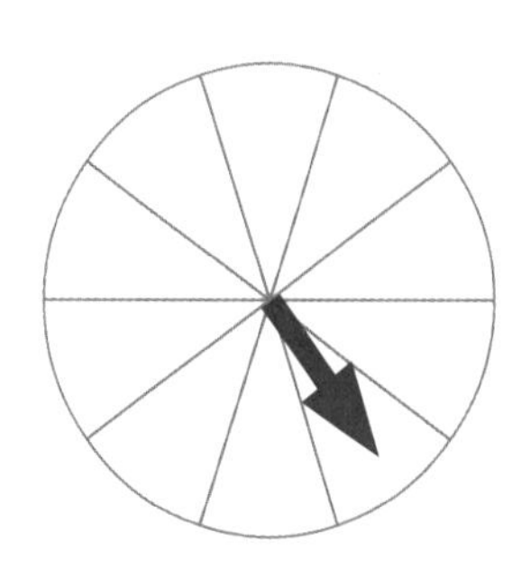

6 下面每瓶装有100颗糖豆。从每瓶中摸出白色糖豆的概率是多少？选出合适的数填在横线上。

0.07　$\frac{4}{10}$　8%　$\frac{3}{4}$　0.8　$\frac{7}{10}$

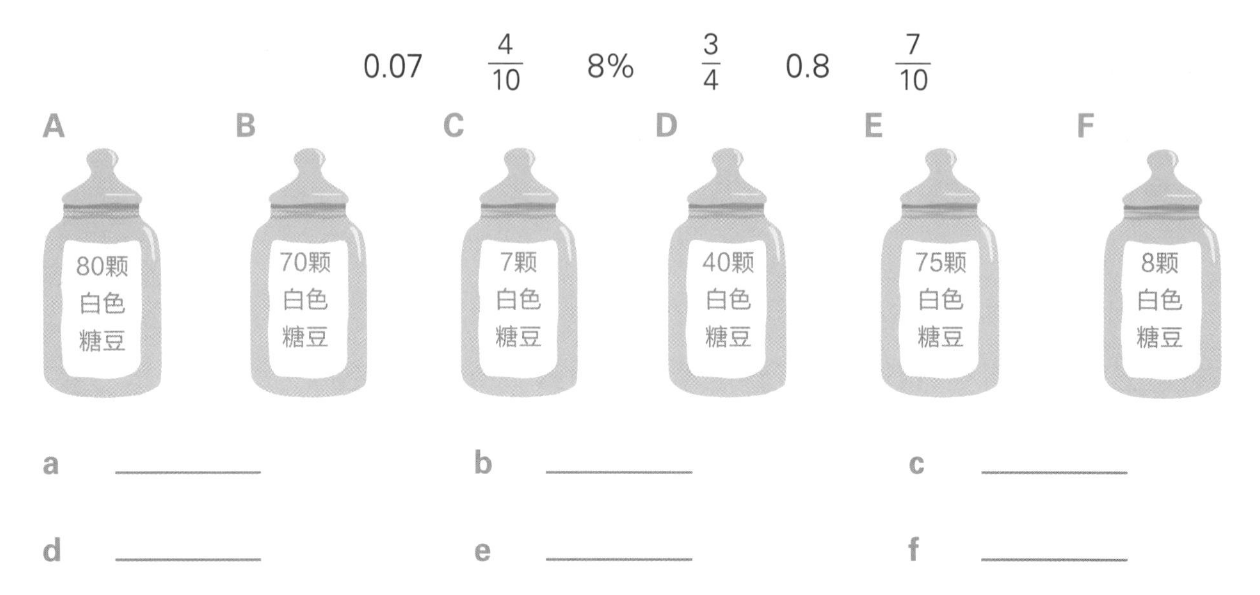

a ________　b ________　c ________

d ________　e ________　f ________

7 下面哪一个数不能表示转盘指针落在红色区域的概率？圈出来。

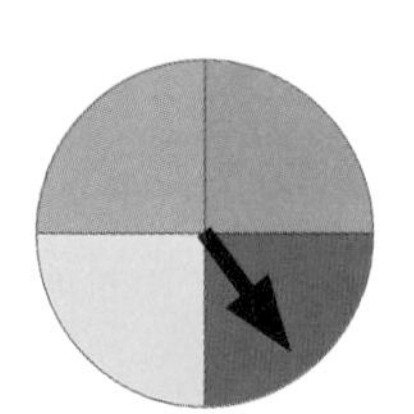

$\frac{1}{4}$　$\frac{4}{10}$　25%　0.25

8 根据下列要求，给罐子里的珠子涂上颜色：

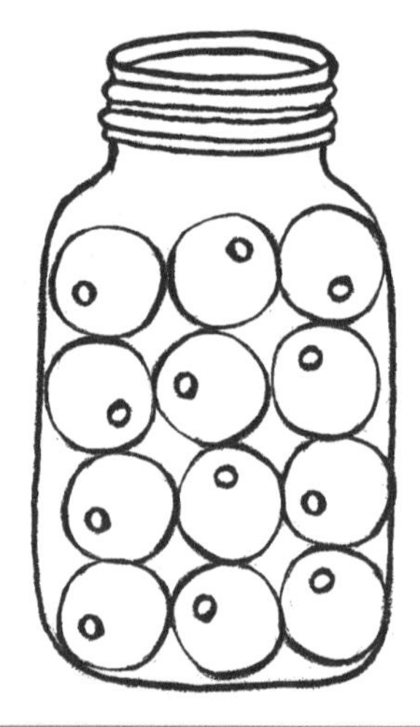

- 拿到一颗红色珠子的概率是$\frac{1}{6}$。
- 拿到一颗黄色珠子的可能性是$33\frac{1}{3}\%$。
- 拿到一颗蓝色珠子的可能性是0.5。

9 下面每袋中有100颗蓝色和黄色混合在一起的弹珠。杰克从每个袋中取出20颗弹珠。用杰克取出的结果预测一下每袋弹珠分别有多少颗是蓝色，多少颗是黄色。

袋子	已经取出20颗弹珠		100颗弹珠的情况	
A	蓝色：5	黄色：15	蓝色：	黄色：
B	蓝色：12	黄色：8	蓝色：	黄色：
C	蓝色：18	黄色：2	蓝色：	黄色：
D	蓝色：10	黄色：10	蓝色：	黄色：

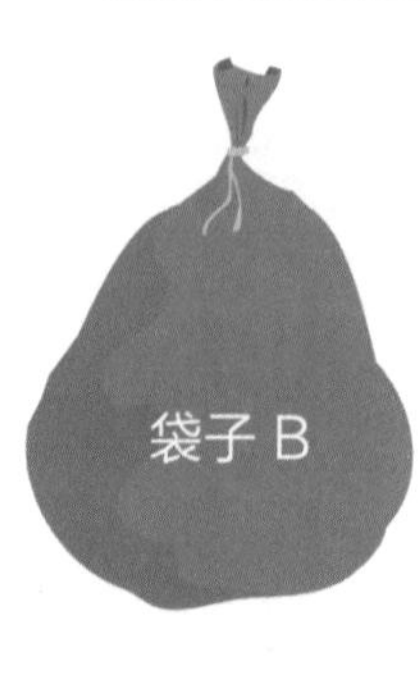

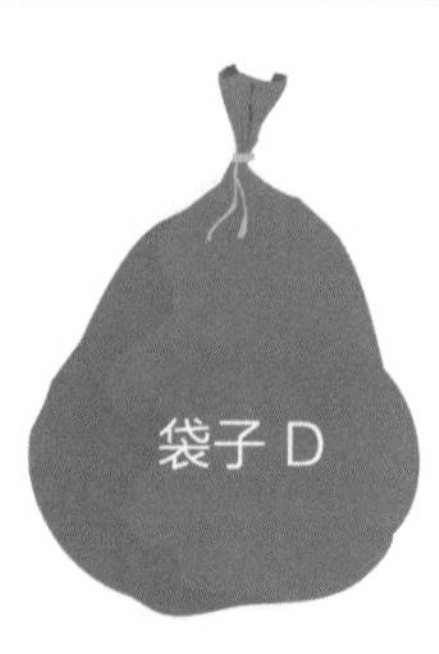

拓展运用

泉恩的游戏：第一部分

泉恩和朋友玩一个关于可能性的游戏，利用转盘的旋转让小球落在37个数中的某一个数上，然后让玩家猜测球将落在哪个数上。如果他们猜对了，他们就赢得筹码。泉恩想成为最终的赢家。所以，他计算出了球落在特定数上的可能性。0是绿色数，1到36是红色或黑色数。

1

a　球落在某一个特定数上的可能性是几分之一？

b　如果37个人中的每个人选择一个不同的数，并将一个筹码放在选中的那个数的位置上，那么泉恩会有多少个筹码？

c　游戏规则是泉恩给选对数的人按35：1分配筹码。因此，赢家可以拿回自己的1个筹码，再额外拿到35个筹码。然而，泉恩不会失去任何筹码。为什么？

d　如果这样持续1000轮，泉恩除了旋转转盘外什么也没做，他会有多少个筹码？

2　泉恩意识到，如果只有1:37的获胜机会，就不会有多少人愿意玩游戏。所以，他就想办法吸引大家玩游戏。泉恩规定，大家可以选择“红色”“黑色”或“绿色”数。

a　球落在红色数上的概率差不多是$\frac{1}{2}$，为什么？

b　假设第1题中37人里有18人选择红色，18人选择黑色，1人将筹码放在绿色的0上。如果球落在一个黑色的数上，有多少人输了？

c　如果球落在黑色的数上，18人获胜。然而，泉恩仍然没有失去任何筹码。为什么？

d　如果这样持续10000轮，泉恩除了旋转转盘外什么也没做，他会赢得多少个筹码？

10.2 随机实验并分析结果

你需要一些骰子来完成下面的题目。计算出某件事发生的概率并不意味着它一定会以这种方式发生。骰子投掷到6的可能性只有$\frac{1}{6}$。

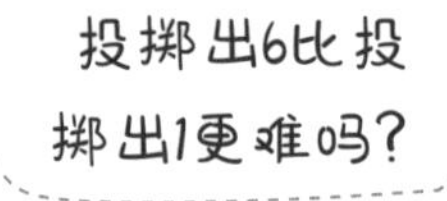

趣味学习

1 a 骰子没有投掷到6的可能性是多少?

____

b 尽管概率很低，但为什么有人第一轮就能投掷到6?

____

2 a 你要投掷一个骰子，预测要投掷多少次，才能投掷到6。

____

b 实际投掷骰子直到投掷出6，你投掷了多少次?

____

c 你预测的和现实有什么不同?

____

____

3 a 完成表格。

b 投掷骰子36次，并且记录结果。

c 写出关于实验结果的1~2个结论。

骰子投掷出的点数	投掷出这些点数的次数	
	可能的次数	实际的次数
1		
2		
3		
4		
5		
6		

独立练习

1 如果你投掷两个骰子，只有一种组合能让骰子投掷出来的点数和是12。

a 投掷出的点数和最少是多少？____

b 有多少种组合可以投掷出点数和最少的情况？____

2 如果你用两个六面骰子玩游戏，你需要投掷出点数和为11来赢得游戏，有两种组合可以赢。
两个六面骰子最后的点数和有多少种情况？请完成表格。

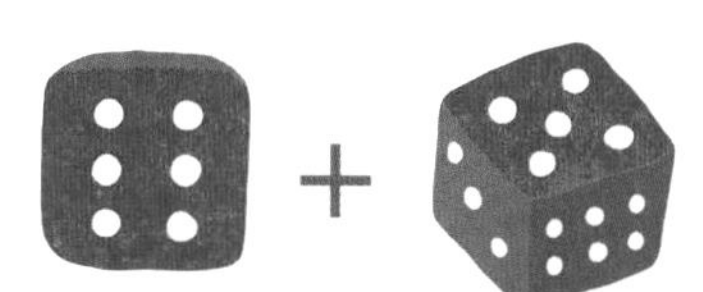

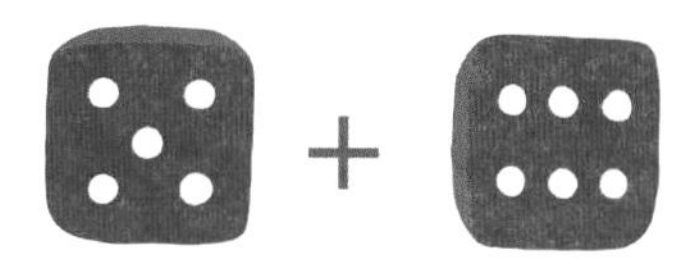

两个骰子的点数和	投掷出的情况	共有几种方法
12	6 + 6	1
11	6 + 5，5 + 6	2
10		
9		
8		
7		
6		
5		
4		
3		
2		

两个骰子有36种不同的投掷组合。

3 投掷出哪个点数和的可能性最大？____

4 用两个骰子投掷出点数和为12的可能性是$\frac{1}{36}$。投掷出下列点数和的可能性是多少?

a 11 ________　b 10 ________　c 9 ________

d 8 ________　e 7 ________　f 6 ________

g 5 ________　h 4 ________　i 3 ________

j 2 ________　k 1 ________

5 你需要两个骰子完成这道题。假设投掷72次骰子，写出不同点数和可能出现的次数，然后进行实验，写下实际的次数。

两个骰子的点数和	投掷72次可能出现的次数	投掷72次实际出现的次数
12	2	
11		
10		
9		
8		
7		
6		
5		
4		
3		
2		

6 根据下面的要求给转盘涂色。

a 落在黄色区域的可能性小于25%。

b 落在蓝色区域的可能性大于50%且小于75%。

c 落在红色区域的可能性大于25%且小于50%。

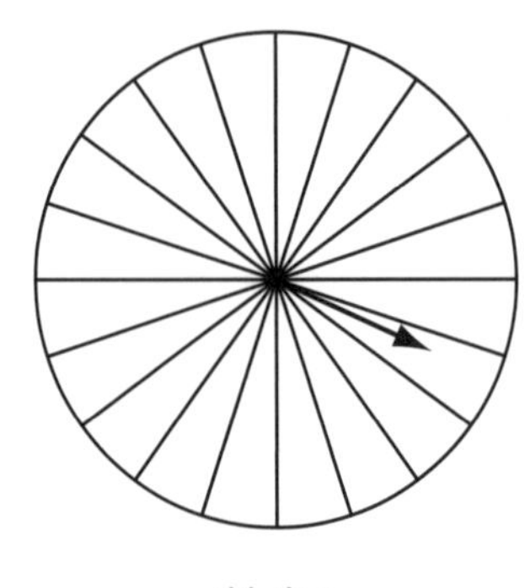
转盘1

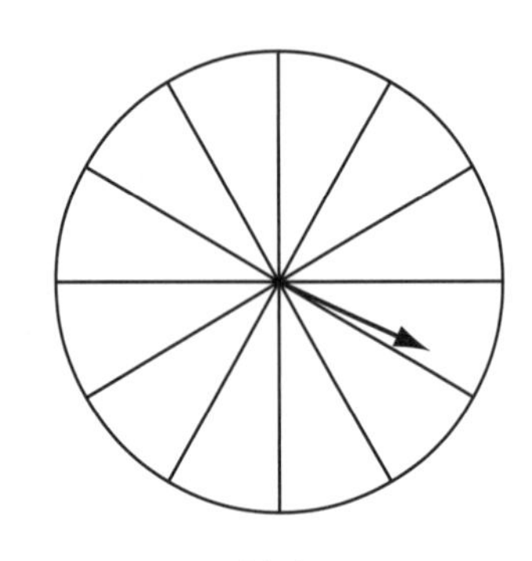
转盘2

拓展运用

泉恩的游戏：第二部分

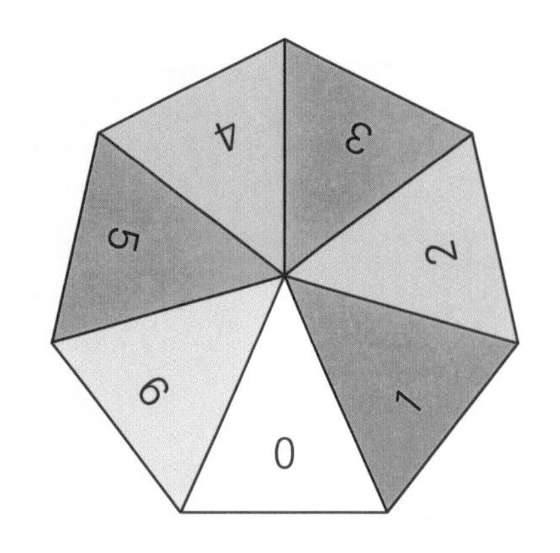

你需要:

- 7边形的转盘；
- 7名玩家，每人10个筹码；
- 拥有50个筹码的庄家；
- 每人都有7张写有0～6的数字卡片。

1 庄家需要算出某人获胜的可能性。

a 转盘上的指针落在某个特定数上的可能性是多少？____

b 猜对数的人会赢得6个筹码。如果7个人每人选择一个不同的数，指针落在6上，那么庄家获得了多少筹码？____

2 每个玩家都有一个输赢表，如右表所示。

我的输赢表				
轮次	猜数	赢	输	结余
初始金额				10个筹码
第一轮	1个筹码			
第二轮	1个筹码			
……				

3 每个玩家猜测转盘指针指向的数，并且在自己面前放一张带有该数的数字卡片。

a 每个玩家在中间放置一个筹码，并将其写入“猜数”列。

b 有人旋转转盘。

c 猜对数的玩家赢得6个筹码。庄家拿走剩下的筹码。

d 玩家在他们的输赢表上写完一行。庄家写出自己的新结余。

e 重复步骤a-d，直至第十轮结束。

4 填空。

- 我最终的结余是____个筹码。
- 有____名玩家在游戏结束的时候，结余筹码减少了。
- 庄家的结余是增加还是减少？ □

答　案

（请注意，如果一个问题有多种答案，那么将给出最有可能的一种答案。）

第1单元　数和位值

1.1 位　值

趣味学习

1

百万位	十万位	万位	千位	百位	十位	个位	写数，并且在合适的位置分级
5	0	0	0	0	0	0	500¦0000
	3	0	0	0	0	0	30¦0000
		6	0	0	0	0	6¦0000
			7	0	0	0	7000
				9	0	0	900
					1	0	10
						8	8

2 a 5¦1604
 b 20¦0026
 c 10¦2010

独立练习

1 a 6¦0000　b 30¦0000
 c 6000　d 100¦0000
 e 8000¦0000　f 5000¦0000

2 a 四十六万三千二百九十
 b 六百三十二万九千四百七十七
 c 二百四十万六千二百一十九
 d 五千一百三十八万五千零六十七
 e 八千零四十八万七千零三
 f 三亿五千一百万零八百一十九

3 a 8048¦7000　b 1036¦2059
 c 1¦1476¦0209　d 14¦0059¦3001

4 b 20¦0000 + 1¦0000 + 4000 + 800 + 60 + 7
 c 200¦0000 + 50¦0000 + 6¦0000 +7000 + 300 + 20 + 1
 d 500¦0000 + 60¦0000 + 7¦0000 + 3000 + 200 + 7
 e 5000¦0000 + 700¦0000 + 30¦0000 + 1¦0000 + 9000 + 200 + 40
 f 4¦0000¦0000 + 700¦0000 + 50¦0000 + 8000 + 4

5 a 975¦4321　b 512¦3479
 c 954¦3217　d 231¦4579

6 a 614¦2793
 六百一十四万二千七百九十三
 b 2¦8052¦6306
 二亿八千零五十二万六千三百零六

拓展运用

1 a + 100　b + 40000
 c − 20000　d + 1

2 a 34¦0000元　b 70¦5000元
 c 82¦5000元　d 125¦0000元

3 答案可能非常多，孩子言之有理即可。
 参考答案：
 a 数字5。它的意思是5个十万。50¦0000元是很大一笔钱！
 b 数字2。它的意思是2个一。我不想写乘法口诀表超过2遍。
 c 数字1。它的意思是1个十。我很喜欢吃零食，但是吃太多，会让我生病。

1.2 平方数和三角数

趣味学习

1 $3 \times 3 = 3^2, 3^2 = 9$；$4 \times 4 = 4^2$，$4^2 = 16$；
 $5 \times 5 = 5^2, 5^2 = 25$；$6 \times 6 = 6^2, 6^2 = 36$

2 $1 + 2 + 3 = 6$；$1 + 2 + 3 + 4 = 10$

独立练习

1 （阴影可能不同）$7 \times 7 = 7^2$，$7^2=49$；
 $8 \times 8 = 8^2$，$8^2=64$；$9 \times 9 = 9^2$，
 $9^2=81$；$10 \times 10 = 10^2$，$10^2 = 100$

2 a 121
 b 检查答案，例如：奇数和偶数交替出现。
 c 圈出10000。

3 检查答案。
 15: $1 + 2 + 3 + 4 + 5 = 15$
 21: $1 + 2 + 3 + 4 + 5 + 6 = 21$
 28: $1 + 2 + 3 + 4 + 5 + 6 + 7 = 28$
 36: $1 + 2 + 3 + 4 + 5 + 6 + 7 + 8 = 36$
 45: $1 + 2 + 3 + 4 + 5 + 6 + 7 + 8 + 9 = 45$
 55: $1 + 2 + 3 + 4 + 5 + 6 + 7 + 8 + 9 + 10 = 55$

4 a 66　b 36
 c 检查答案。例如：按照两个奇数，再两个偶数的顺序交替出现。

拓展运用

1

平方数	乘法算式	加法算式
$4^2 = 16$	$4 \times 4 = 16$	$1 + 3 + 5 + 7 = 16$
$5^2 = 25$	$5 \times 5 = 25$	$1 + 3 + 5 + 7 + 9 = 25$
$6^2 = 36$	$6 \times 6 = 36$	$1 + 3 + 5 + 7 + 9 + 11 = 36$
$7^2 = 49$	$7 \times 7 = 49$	$1 + 3 + 5 + 7 + 9 + 11 + 13 = 49$
$8^2 = 64$	$8 \times 8 = 64$	$1 + 3 + 5 + 7 + 9 + 11 + 13 + 15 = 64$
$9^2 = 81$	$9 \times 9 = 81$	$1 + 3 + 5 + 7 + 9 + 11 + 13 + 15 + 17 = 81$
$10^2 = 100$	$10 \times 10 = 100$	$1 + 3 + 5 + 7 + 9 + 11 + 13 + 15 + 17 + 19 = 100$

2 a 检查答案。例如：要得到下一个平方数，要加上下一个奇数。
 b $11^2 = 121$，$11 \times 11 = 121$，
 $1 + 3 + 5 + 7 + 9 + 11 + 13 + 15 + 17 + 19 + 21 = 121$
 c 23

3 a 15　b 1,5,12,22,35
 c 检查答案。例如：得到第二个五角数，你需要在第一个五角数的基础上加4（1+4=5），下一个就比之前多加3（5+4+3=12），再下一个就是22（12+7+3），每次都比上一次多加3，依次类推。
 d

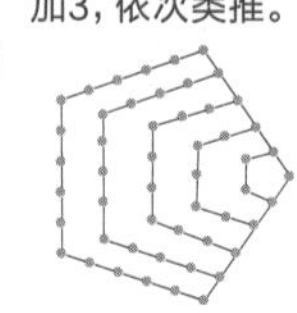

1.3 质数与合数

趣味学习

1

数	因数（能整除它的数）	因数个数	质数还是合数	
			质数	合数
3	1 和 3	2	√	
4	1, 2 和 4	3		√
5	1 和 5	2	√	
6	1, 6, 2, 3	4		√
7	1 和 7	2	√	
8	1, 8, 2, 4	4		√
9	1, 9, 3	3		√
10	1,10, 2, 5	4		√
11	1 和 11	2	√	
12	1, 12, 2, 6, 3, 4	6		√
13	1 和 13	2	√	
14	1, 14, 2, 7	4		√
15	1, 15, 3, 5	4		√
16	1, 16, 2, 8, 4	5		√
17	1 和 17	2	√	
18	1, 18, 2, 9, 3, 6	6		√
19	1 和 19	2	√	
20	1, 20, 2, 10, 4, 5	6		√

2 a 2, 3, 5, 7, 11, 13, 17, 19
 b 2

独立练习

1 a-j

1	2	3	4	5	6	7	8	9	10
11	12	13	14	15	16	17	18	19	20
21	22	23	24	25	26	27	28	29	30
31	32	33	34	35	36	37	38	39	40
41	42	43	44	45	46	47	48	49	50
51	52	53	54	55	56	57	58	59	60
61	62	63	64	65	66	67	68	69	70
71	72	73	74	75	76	77	78	79	80
81	82	83	84	85	86	87	88	89	90
91	92	93	94	95	96	97	98	99	100

2 a 97　b 错误
 c 正确（1~100中有49个合数是偶数，25个合数是奇数。）

3 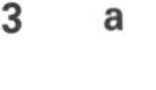

a
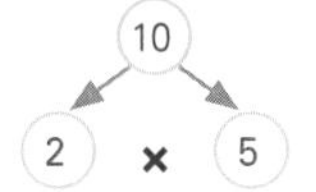
10的质因数是2和5，
所以10 = 2 × 5。

b
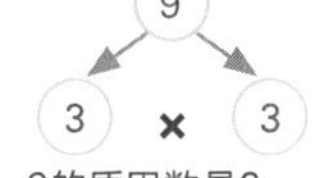
9的质因数是3，
所以9 = 3 × 3。

c
15的质因数是3和5，
所以15 = 3 × 5。

d
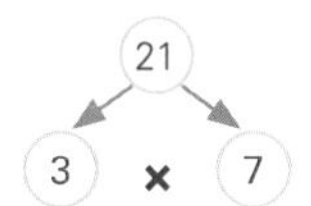
21的质因数是3和7，
所以21 = 3 × 7。

e
35的质因数是5和7，
所以35 =5 × 7。

f
39的质因数是3和13，
所以39 = 3 × 13。

g
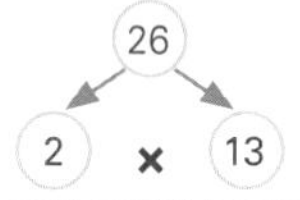
26的质因数是2和13，
所以26 = 2 × 13。

h
33的质因数是3和11，
所以33 = 3 × 11。

i
34的质因数是2和17，
所以34 = 2 × 17。

4 a
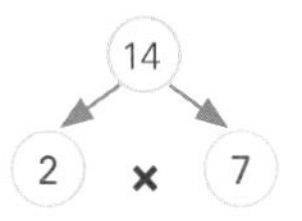
14的质因数是2和7，
所以14 = 2 × 7。

b
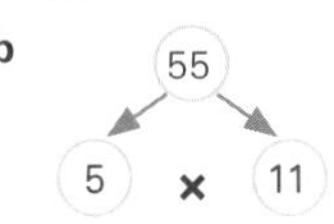
55的质因数是5和11，
所以55 = 5 × 11。

c
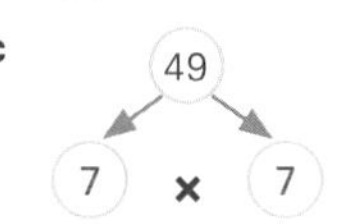
49的质因数是7，
所以49 = 7 × 7。

拓展运用

1 a
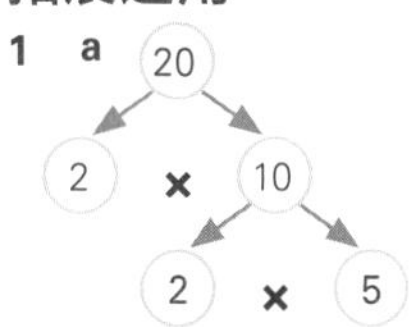
20 = 2 × 2 × 5
$20 = 2^2 \times 5$

b
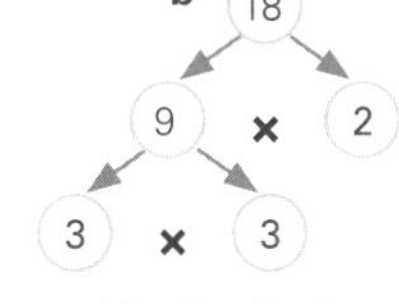
18 = 3 × 3 × 2
$18 = 3^2 \times 2$

c
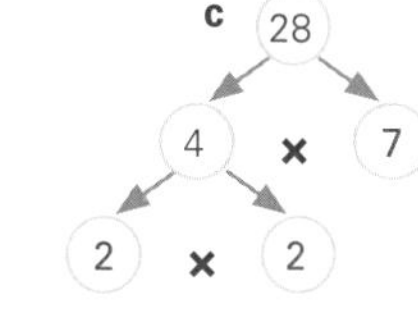
28 = 2 × 2 × 7
$28 = 2^2 \times 7$

d
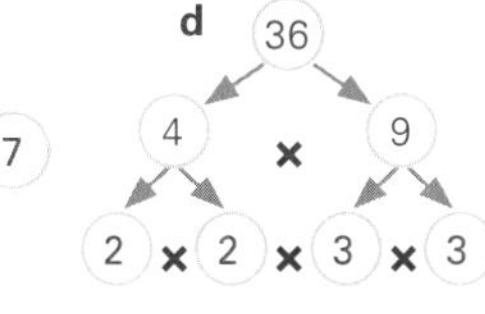
36 = 2 × 2 × 3 × 3
$36 = 2^2 \times 3^2$

2 分解的过程可能有多种，合理正确即可。

a
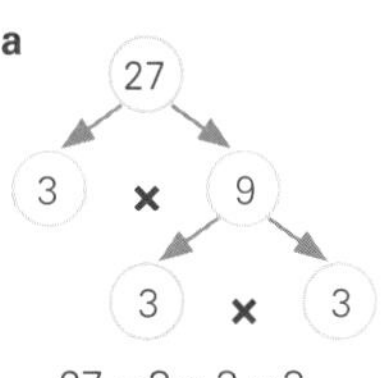
27 = 3 × 3 × 3
$27 = 3^3$

b
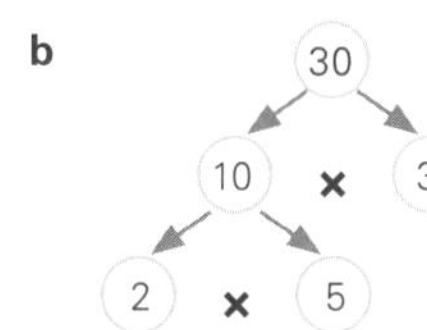
30 = 2 × 5 × 3

c
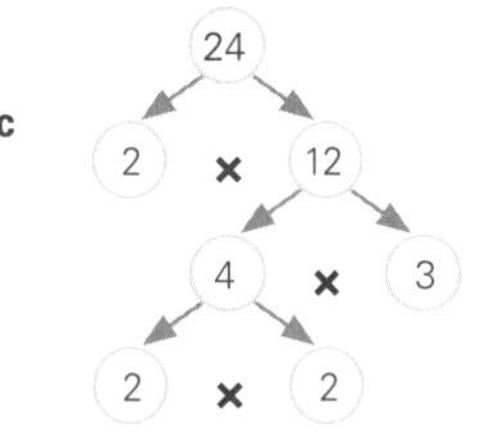
24 = 2 × 2 × 2 × 3
$24 = 2^3 \times 3$

1.4 加减法巧算

趣味学习

1

	算式	凑整计算	调整	答案
b	275 – 101	275 – 100 = 175	减去1	174
c	527 + 302	527 + 300 =827	加上2	829
d	377 – 98	377 –100 =277	加上2	279
e	249 + 249	250 + 250 = 500	减去2	498
f	938 – 206	938 – 200 = 738	减去6	732
g	1464 + 998	1464 + 1000 = 2464	减去2	2462

2

	算式	数位拆分	分组	答案
b	2200 + 3600	2000 + 200 + 3000 + 600	2000 + 3000 + 200 + 600	5800
c	342 + 236	300 + 40 + 2 + 200 + 30 + 6	300 + 200 + 40 + 30 + 2 + 6	578
d	471 + 228	400 + 70 + 1 + 200 + 20 + 8	400 + 200 + 70 + 20 + 1 + 8	699
e	743 + 426	700 + 40 + 3 + 400 + 20 + 6	700 + 400 + 40 + 20 + 3 + 6	1169
f	865 + 734	800 + 60 + 5 + 700 + 30 + 4	800 + 700 + 60 + 30 + 5 + 4	1599
g	4270 + 3220	4000 + 200 + 70 + 3000 + 200 + 20	4000 + 3000 + 200 + 200 + 70+20	7490

独立练习

1 **a** 379 **b** 599 **c** 1298
d 2284 **e** 3909 **f** 10990

2 **a** 446 **b** 765 **c** 874
d 545 **e** 768 **f** 1206

3 列举一些可能会用到的巧算方法：
a 650+250−2=898
b 1253−200+1=1054
c 1500+1500+250+250=3500
d 14578−400−10=14168

4

	真实数据	近似数	精确到哪一位
a	澳大利亚有812972千米的路。	813000	千位
b	某电力公司有1502000名员工。	1500000	十万位
c	墨西哥的足球运动员布兰科在2009年的收入是2943702.00美元。	3000000	百万位
d	印第安纳波利斯500辆汽车赛被记录的最快速度是299.3千米/小时。	300	百位
e	女子100米短跑世界记录为10.49秒。	10.5	十分位
f	某百货公司有2100000名员工。	2000000	百万位
g	每个澳大利亚人平均一年吃17600克的冰激凌。	18000	千位
h	最长的铁路隧道全长57.1千米。	57	个位
i	电影《阿凡达》的票房为2783919000.00美元。	30亿	十亿位
j	外国游客每年在澳大利亚消费2912700000.00美元。	29亿	亿位

5 基本款：22490.00
升级款：31490.00
尊享款：38959.00

拓展运用

1 列举可能会用到的估算方法：

	算式	凑整	估算的答案	圈出正确的答案
a	5189 – 2995	5000 – 3000	2000	**(2194)** 3194
b	2958 + 6058	3000 + 6000	9000	**(9016)** 8016
c	8215 – 3108	8000 – 3000	5000	5907 **(5107)**
d	15963 + 14387	16000 + 14000	30000	29350 **(30350)**
e	8954 – 3928	9000 – 4000	5000	**(5026)** 4026
f	4568 + 4489	4500 + 4500	9000	8057 **(9057)**
g	13149 – 7908	13000 – 8000	5000	6241 **(5241)**
h	124963 + 98358	125000 + 100000	225000	**(223321)** 213321

2 列举可能会用到的估算方法：

	算式	凑整	估算的答案	计算器的答案
a	4155 + 2896	4000 + 3000	7000	7051
b	9124 – 8123	9000 – 8000	1000	1001
c	24065 + 5103	24000 + 5000	29000	29168
d	19753 – 10338	20000 – 10000	10000	9415
e	101582 + 49268	100000 + 50000	150000	150850
f	298047 – 198214	300000 – 200000	100000	99833
g	1089274 + 1099583	1100000 + 1100000	2200000	2188857
h	1499836 + 1489967	1500000 + 1500000	3000000	2989803

1.5 加法笔算

趣味学习

a 1234　b 2345　c 3456
d 4567　e 5789　f 5678

独立练习

1 a 1111　b 2222　c 3333
d 4444　e 5555　f 6666
g 7777　h 8888　i 9999
j 10000　k 11111

2 检查答案。一个简单的方法就是从99999中去掉4次123，用加法99507+123+123+123+123来验算。

3 a

国家	铺路长度/千米	未铺道路长度/千米	道路总长度/千米
A国	4165110	2265256	6430366
B国	1603705	1779639	3383344
C国	951220	0	951220
D国	925000	258000	1183000
E国	659629	6663	666292
F国	415600	626700	1042300
G国	336962	473679	810641
H国	96353	1655515	1751868

b B国、F国和H国
c A国和B国
d F国和G国

拓展运用

1 549264562
2 443600028
3 正确答案是445829894。检查孩子的检查方法是否正确。

1.6 减法笔算

趣味学习

1 a 229　b 326　c 2208　d 2119
2 a 589　b 199　c 2149
d 1985　e 9988　f 8899

独立练习

1 a 54321　b 65432　c 76543
d 87654　e 98765　f 56789
g 45678　h 34567　i 23456
j 12345
2 9875432–2345789=7529643
3 a 3268　b 12619　c 22656
d 34579　e 375777　f 676068
g 749　h 3649　i 320054
j 65622

拓展运用

1 a 193635　b 126296　c 191790
2 a 用任意三个数字得到的答案都是1089。
b 自己做一做，检查答案。

1.7 乘除法巧算

趣味学习

1

		×10	100	1000	10000
a	29	290	2900	29000	290000
b	124	1240	12400	124000	1240000
c	638	6380	63800	638000	6380000
d	1.25	12.50	125	1250	12500
e	750	7500	75000	750000	7500000

2

		÷10	改写成乘法
a	370	37	37×10=370
b	4700	470	470×10=4700
c	2000	200	200×10=2000
d	22.50	2.25	2.25×10=22.50
e	54	5.4	5.4×10=54

3

		÷100	改写成乘法
a	700	7	7×100=700
b	495	4.95	4.95×100=495
c	5000	50	50×100=5000
d	12000	120	120×100=12000
e	8750	87.5	87.5×100=8750

独立练习

1

		×10	翻倍	再翻倍	再翻倍
a	12	120	240	480	960
b	15	150	300	600	1200
c	22	220	440	880	1760
d	25	250	500	1000	2000
e	50	500	1000	2000	4000

2

		÷10	一半	再一半	再一半
a	400	40	20	10	5
b	2000	200	100	50	25
c	480	48	24	12	6
d	10000	1000	500	250	125
e	8800	880	440	220	110

3

		×10	一半	算式
a	24	240	120	24×5=120
b	68	680	340	68×5=340
c	120	1200	600	120×5=600
d	500	5000	2500	500×5=2500
e	1240	12400	6200	1240×5=6200

4

		÷10	再翻倍	算式
a	420	42	84	420÷5=84
b	350	35	70	350÷5=70
c	520	52	104	520÷5=104
d	900	90	180	900÷5=180
e	1200	120	240	1200÷5=240

5

		×10	×3	算式
a	15	150	450	15×30=450
b	22	220	660	22×30=660
c	33	330	990	33×30=990
d	150	1500	4500	150×30=4500
e	230	2300	6900	230×30=6900

6

		×3	×10	算式
a	15	45	450	15×30=450
b	22	66	660	22×30=660
c	33	99	990	33×30=990
d	150	450	4500	150×30=4500
e	230	690	6900	230×30=6900

7 a 600 b 880 c 1250
d 1700 e 840 f 5000
g 1200 h 1440 i 570
j 72 k 90 l 416
m 208 n 62

8 218.50元

拓展运用

1

		×10	求一半得到×5的结果	两个答案相加	算式
a	12	120	60	180	12×15=180
b	32	320	160	480	32×15=480
c	41	410	205	615	41×15=615
d	86	860	430	1290	86×15=1290
e	422	4220	2110	6330	422×15=6330

2

		×10	×3	两个答案相加	算式
a	15	150	45	195	15×13=195
b	12	120	36	156	12×13=156
c	23	230	69	299	23×13=299
d	31	310	93	403	31×13=403
e	25	250	75	325	25×13=325

3 a 2500 b 6300 c 4
d 30 e 8800 f 1.80
g 68 h 0.90

4 a 60次 b 3600次

1.8 乘法竖式

趣味学习

1 a 162 b 325

2 a 508 b 981 c 630
d 916 e 8190 f 9415
g 8512 h 7285 i 9042

独立练习

1 a 700 b 540 c 1080
d 1840 e 2010 f 2040
g 3040 h 9840 i 10980
j 55280 k 186060 l 208720

2 检查计算区内容。4380.00元

3 检查计算区内容。1966080次

4 a 552 b 805 c 980

5 a 888 b 1053 c 1092

拓展运用

1 a 725 b 1134 c 741
d 1419 e 1125 f 2368
g 3198 h 11178 i 18612

2 检查计算区内容。
a 11725个 b 837次

1.9 除法竖式

趣味学习

1 a 69 b 442 c 94
d 110 e 4321 f 1201
g 934 h 4841 i 4322
j 4322 k 12343 l 54322

2 a 215 b 582 c 358
d 2686 e 659 f 348

独立练习

1 a 4……2或$4\frac{2}{3}$ b 9……2或$9\frac{2}{5}$
c 9……3或$9\frac{3}{4}$ d 8……1或$8\frac{1}{8}$
e 8……5或$8\frac{5}{9}$ f 8……5或$8\frac{5}{7}$
g 9……3或$9\frac{3}{9}$或$9\frac{1}{3}$
h 9……4或$9\frac{4}{6}$或$9\frac{2}{3}$

2 a 116……3或$116\frac{3}{4}$ b 90……2或$90\frac{2}{3}$
c 32……5或$32\frac{5}{6}$ d 148……2或$148\frac{2}{5}$
e 858……1或$858\frac{1}{3}$ f 187……1或$187\frac{1}{9}$
g 694……1或$694\frac{1}{6}$ h 331……2或$331\frac{2}{7}$

3 a 每人最多可以分到62颗（可能的理由：他们不能把多余的一个弹珠劈成两半）。
b 每人能分到7个半甜甜圈（可能的理由：他们可以把多余的一个甜甜圈平分）。

4 a 26.50 b 18.50 c 11.50
d 18.25 e 16.50 f 21.50

5 a 148.75 b 125.60 c 63.25
d 136.80 e 336.75 f 1231.50
g 2865.50 h 2319.60 i 6523.25

6 a 每人最多可以分到36颗（145÷4=36……1）。
b 每人可以分到36.25元（145÷4=36.25）。

拓展运用

1 a 291.33 b 124.25 c 83.14
d 42.33 e 80.44 f 1828.33
g 348.60 h 1226.14 i 11494.75
j 14321.33 k 5095.20 l 10807.22

2 a 2 b 2 c 4 d 3 e 2 f 5 g 5

3 检查计算区内容。它每天喷发20次。

1.10 负 数

趣味学习

1

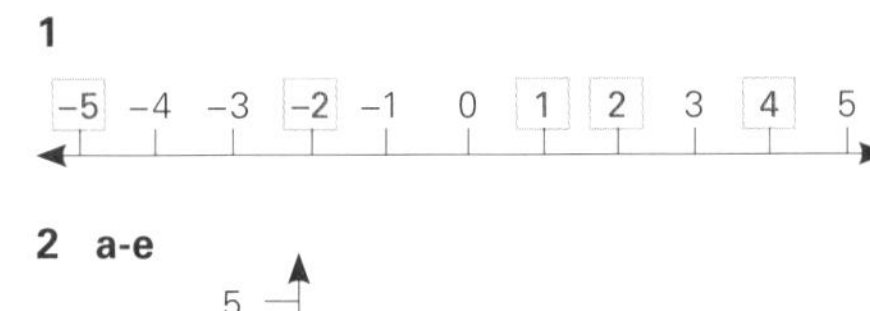

2 a-e

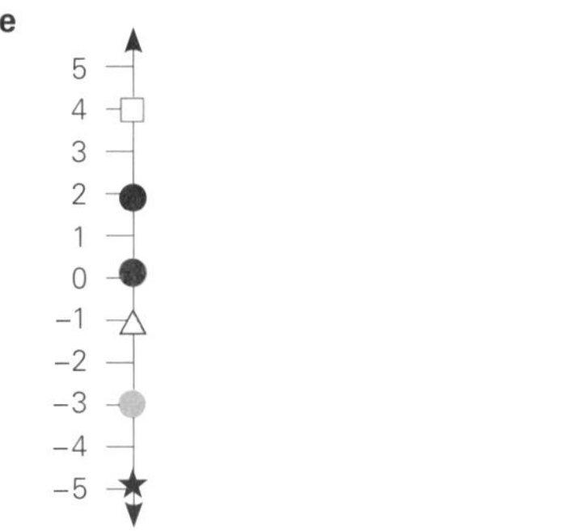

3 ★，●，△，●，●，□。

4 a √ b × c √
d × e √ f ×
g × h √

独立练习

1 自己在数轴上画一画，检查答案。
a −2+4=2 b 2−3=−1
c 4−7=−3 d −6+5=−1
e −3−5=−8 f −8+8=0
g −8+10=2 h 7−11=−4
i −7+15=8 j 6−13=−7

2 a −1 b −1 c −4
d −5 e −10 f −60

3 a −50, −40, −30, −20, −10, 0, 10, 20, 30, 40
b −20, −15, −10, −5, 0, 5, 10, 15, 20, 25
c −24, −20, −16, −12, −8, −4, 0, 4, 8, 12
d −28, −21, −14, −7, 0, 7, 14, 21, 28, 35
e −54, −45, −36, −27, −18, −9, 0, 9, 18, 27

4 a-b 星期二 2°C
星期日 1°C
星期三 0°C
星期六 −1°C
星期一 −2°C
星期五 −3°C
星期四 −4°C
c 星期四 d 6

5

−5	−4	−3	−2	−1	0	1	2	3	4	5
M	A			T					H	S

拓展运用

1 a 赫尔辛基、蒙特利尔、魁北克、莫斯科
b 柏林
c −5°C
d 魁北克和墨尔本，蒙特利尔和悉尼，阿卡普尔科和赫尔辛基

2

国际大银行			
日期	收入/元	支出/元	余额/元
5月3日	100.00	0.00	100.00
5月4日	0.00	120.00	−20.00
5月9日	30.00	0.00	10.00
5月14日	0.00	50.00	−40.00
5月31日	45.00	0.00	5.00

3 a −100.00元
b 检查答案，言之有理即可。例如：欠款将超过90.00元，因为需要支付利息。

1.11 乘方和开平方

趣味学习

1

	乘法	底数和指数
a	2 × 2 × 2 × 2 × 2	2^5
b	4 × 4 × 4	4^3
c	8 × 8 × 8 × 8	8^4
d	5 × 5 × 5 × 5 × 5	5^5
e	7 × 7 × 7 × 7 × 7 × 7	7^6
f	10 × 10 × 10 × 10	10^4

2

	底数和指数	底数相乘的次数	乘法算式	幂
a	3^3	3	$3\times3\times3$	27
b	2^4	4	$2\times2\times2\times2$	16
c	5^3	3	$5\times5\times5$	125
d	6^2	2	6×6	36
e	9^2	2	9×9	81
f	10^3	3	$10\times10\times10$	1000

3

	起始数	什么数乘自身等于起始数?	起始数的平方根	结果
a	4	$2\times2=4$	2	$\sqrt{4}=2$
b	36	$6\times6=36$	6	$\sqrt{36}=6$
c	9	$3\times3=9$	3	$\sqrt{9}=3$
d	64	$8\times8=64$	8	$\sqrt{64}=8$

4

	起始数	在哪两个平方数之间?	它们的平方根是多少?	平方根介于哪两者之间?
a	10	9 和 16	$\sqrt{9}=3$, $\sqrt{16}=4$	3 和 4
b	42	36 和 49	$\sqrt{36}=6$, $\sqrt{49}=7$	6 和 7
c	20	16 和 25	$\sqrt{16}=4$, $\sqrt{25}=5$	4 和 5
d	52	49 和 64	$\sqrt{49}=7$, $\sqrt{64}=8$	7 和 8

独立练习

1 **a** 128 **b** $5^5=5\times5\times5\times5\times5=3125$

c $3^6=3\times3\times3\times3\times3\times3=729$ **d** $4^5=4\times4\times4\times4\times4=1024$

e $7^4=7\times7\times7\times7=2401$

2 **a** 8^5 **b** 3^5

3 **a** 6 **b** 6

4

	起始数	平方根介于哪两者之间?	准确的平方根（精确到小数点后两位）	结果
a	40	6 和 7	6.32	$\sqrt{40}=6.32$
b	14	3 和 4	3.74	$\sqrt{14}=3.74$
c	30	5 和 6	5.48	$\sqrt{30}=5.48$
d	99	9 和 10	9.95	$\sqrt{99}=9.95$

拓展运用

1 **a** 25
b 81
c 10000
d 1

2 **a** 0.125
b 0.015625
c $4^{-1}=1\div4=0.25$
d $4^{-2}=1\div4\div4=0.0625$
e $10^{-2}=1\div10\div10=0.01$
f $10^{-3}=1\div10\div10\div10=0.001$

3 **a** $1\times6\times6\times6=216$
b $1\times4\times4\times4\times4=256$

4 检查答案。孩子应该发现，指数是1时，计算结果仍为底数本身。

第2单元 分数和小数

2.1 分　数

趣味学习

1 **a** $\frac{1}{6}$ 六分之一 **b** $\frac{3}{5}$ 五分之三

c $\frac{7}{10}$ 十分之七 **d** $\frac{2}{3}$ 三分之二

2 **a** $\frac{4}{16}$ 或 $\frac{1}{4}$ **b** 给4颗星星涂色。

3 **a** $\frac{9}{10}$

b 在$\frac{3}{10}$的位置画一个笑脸，检查答案。

c $\frac{7}{10}$

d 在$\frac{6}{10}$的位置画一个三角形，检查答案。

独立练习

1 **a** $\frac{3}{6}$，$\frac{4}{8}$，$\frac{5}{10}$，$\frac{6}{12}$

b 检查答案。

2 以下答案是在分数图上能找到的。其他正确答案均可，比如$\frac{2}{10}=\frac{4}{20}$。

a $\frac{1}{5}$ **b** $\frac{2}{12}$ **c** $\frac{1}{4}$

d $\frac{10}{12}$ **e** $\frac{8}{10}$

f $\frac{1}{3}$ 或 $\frac{2}{6}$ 或 $\frac{4}{12}$

3 **a** $\frac{2}{3}$ **b** $\frac{8}{10}$ **c** $\frac{6}{8}$

d $\frac{6}{9}$ **e** $\frac{8}{12}$ **f** $\frac{3}{4}$

4 方法不止一种，下面给出其中一种方法：

a $\frac{6}{8}=\frac{3}{4}$

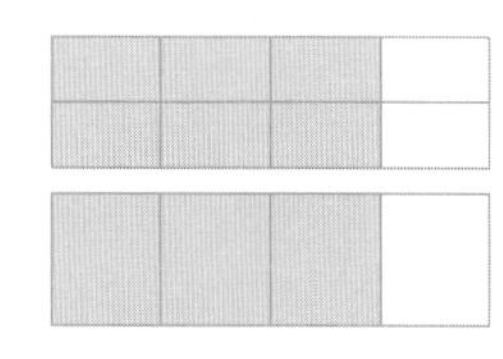

b $\frac{8}{10}=\frac{4}{5}$

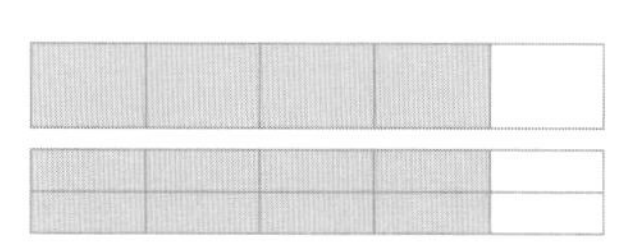

5 **a-b** 检查答案。

6 **a** $\frac{3}{12}$或任何一个等于$\frac{1}{4}$的分数。

b $\frac{3}{4}$或任何一个等于$\frac{9}{12}$的分数。

c 最有可能的答案是 $\frac{1}{6}$ 和 $\frac{2}{12}$，也可有其他与$\frac{1}{6}$等值的答案。

d 在数轴的 $\frac{8}{12}$ 的位置画一颗五角星，检查答案。

拓展运用

1 **a** $\div4$ **b** $\div3$ **c** $\div2$

d $\div3$ **e** $\div5$ **f** $\div4$

g $\times2$ **h** $\times2$ **i** $\times4$

j $\times2$ **k** $\times6$ **l** $\times4$

2 下面是其中一种答案，其他正确答案均可。

a $\frac{2}{3}$ **b** $\frac{3}{4}$ **c** $\frac{1}{2}$

d $\frac{2}{5}$ **e** $\frac{1}{7}$ **f** $\frac{4}{5}$

g $\frac{1}{4}$

3 **a** $\frac{1}{2}$ **b** $\frac{4}{5}$ **c** $\frac{1}{3}$

d $\frac{1}{3}$ **e** $\frac{1}{6}$ **f** $\frac{4}{5}$

2.2 分数加减法

趣味学习

1 **a** $\frac{4}{6}$ **b** $\frac{8}{7}=1\frac{1}{7}$

c $\frac{6}{4}=1\frac{2}{4}$ 或 $1\frac{1}{2}$ **d** $\frac{8}{10}$

2 **a** $\frac{3}{8}+\frac{2}{8}=\frac{5}{8}$ **b** $\frac{3}{4}-\frac{2}{4}=\frac{1}{4}$

独立练习

1 **a** $\frac{5}{8}$ **b** $\frac{8}{10}$ 或 $\frac{4}{5}$ **c** $\frac{4}{5}$

d $\frac{5}{7}$ **e** $\frac{10}{12}$ 或 $\frac{5}{6}$ **f** $\frac{7}{9}$

g $\frac{5}{6}$　　h 1 或 $\frac{10}{10}$　　i $\frac{7}{8}$

2 a $\frac{4}{8}$或$\frac{1}{2}$　　b $\frac{6}{9}$或$\frac{2}{3}$　　c $\frac{6}{12}$或$\frac{1}{2}$

d $\frac{1}{4}$　　e $\frac{2}{7}$　　f $\frac{6}{10}$或$\frac{3}{5}$

g $\frac{4}{9}$　　h $\frac{3}{6}$或$\frac{1}{2}$

3 a $\frac{4}{8}$或$\frac{1}{2}$　　b $\frac{7}{10}$　　c $\frac{3}{6}$或$\frac{1}{2}$

d $\frac{7}{8}$　　e $\frac{9}{10}$　　f $\frac{5}{9}$

4 a $\frac{1}{8}$　　b $\frac{3}{10}$　　c $\frac{4}{12}$或$\frac{1}{3}$

d $\frac{5}{9}$　　e $\frac{1}{4}$　　f $\frac{6}{12}$或$\frac{1}{2}$

5 检查所涂阴影。算式：$\frac{4}{9}+\frac{1}{3}=\frac{4}{9}+\frac{3}{9}=\frac{7}{9}$

6 a $\frac{12}{8}=1\frac{4}{8}$或$1\frac{1}{2}$　　b $\frac{12}{9}=1\frac{3}{9}$或$1\frac{1}{3}$

c $\frac{16}{12}=1\frac{4}{12}$或$1\frac{1}{3}$　　d $\frac{6}{4}=1\frac{2}{4}$或$1\frac{1}{2}$

e $\frac{16}{10}=1\frac{6}{10}$或$1\frac{3}{5}$　　f $\frac{9}{6}=1\frac{3}{6}$或$1\frac{1}{2}$

g $\frac{8}{8}=1$　　h $\frac{4}{3}=1\frac{1}{3}$

7 a $1\frac{4}{8}$或$1\frac{1}{2}$　　b $1\frac{1}{9}$

c $1\frac{2}{10}$或$1\frac{1}{5}$　　d $2\frac{2}{4}$或$2\frac{1}{2}$

e $2\frac{6}{8}$或$2\frac{3}{4}$　　f $3\frac{9}{10}$

g $1\frac{2}{9}$　　h $2\frac{6}{8}$或$2\frac{3}{4}$

8 a $\frac{9}{8}$或$1\frac{1}{8}$　　b $\frac{11}{10}$或$1\frac{1}{10}$

c $2\frac{3}{6}$或$2\frac{1}{2}$　　d $3\frac{3}{8}$

e $2\frac{5}{10}$或$2\frac{1}{2}$　　f $4\frac{4}{9}$

9 a $\frac{7}{8}$　　b $1\frac{8}{10}$或$1\frac{4}{5}$　　c $\frac{11}{12}$

d $\frac{5}{6}$　　e $1\frac{1}{4}$　　f $\frac{5}{12}$

拓展运用

1 应该把所有分数的分母都统一成18：
$\frac{5}{18}+\frac{4}{18}+\frac{3}{18}+\frac{6}{18}=\frac{18}{18}=1$

2 a $1\frac{1}{2}$　　b $2\frac{5}{12}$　　c $1\frac{5}{8}$

d $1\frac{3}{100}$　　e $5\frac{3}{4}$　　f $1\frac{1}{2}$

g $3\frac{7}{12}$

3 可能是$\frac{1}{4}$，$\frac{1}{6}$，$\frac{1}{3}$，$\frac{5}{12}$。四个蛋糕剩下的总和是$1\frac{1}{6}$即可。

2.3 小　数

趣味学习

1 a $\frac{3}{100}$或0.03　　b $\frac{69}{100}$或0.69

c $\frac{20}{100}$或0.20

2 a 2　　b 8　　c 125

d 200　　e 75　　f 9

g 99　　h 999　　i 1

j 10　　k 100　　l 250

独立练习

1 检查所涂方格数是否正确：

a 5个方格　　b 35个方格

c 33个方格　　d 90个方格

2 a √　　b ×　　c √

d ×　　e √　　f √

g ×　　h √　　i √

j ×　　k ×　　l √

3 检查所涂方格数是否正确：

a 15个红色方格　　b 5个黄色方格

c 45个蓝色方格　　d 10个绿色方格

e $\frac{1}{4}$或0.25

4 0.045, 0.145 , 0.415, 0.45, 0.451

5

	分数	小数
a	$\frac{3}{4}$	0.75
b	$\frac{1}{10}$	0.1
c	$\frac{3}{10}$	0.3
d	$\frac{9}{100}$	0.09
e	$\frac{405}{1000}$	0.405
f	$\frac{250}{1000}$	0.25(0)
g	$\frac{99}{1000}$	0.099
h	$\frac{1}{100}$	0.01

6

	假分数	带分数	小数
a	$\frac{7}{4}$	$1\frac{3}{4}$	1.75
b	$\frac{13}{10}$	$1\frac{3}{10}$	1.3
c	$\frac{125}{100}$	$1\frac{25}{100}$或其他相等的带分数	1.25
d	$\frac{450}{100}$	$4\frac{50}{100}$ 或其他相等的带分数	4.5
e	$\frac{275}{100}$	$2\frac{75}{100}$ 或其他相等的带分数	2.75
f	$\frac{1250}{1000}$	$1\frac{250}{1000}$ 或其他相等的带分数	1.25

拓展运用

1 a 0.1　　b 0.25　　c 0.7

d $\frac{1}{100}$　　e $\frac{3}{4}$　　f $\frac{1}{1000}$

2 a 0.2　　b 0.125　　c 0.75

d 0.375　　e 0.8　　f 0.875

3 0.33 …

4 $0.1\dot{6}$

5 0.143

2.4 小数的加法和减法

趣味学习

1 a 4166　　b 41.66

2 a 45.2　　b 4.37　　c 29.12

d 52.3　　e 1.75　　f 26.97

独立练习

1 a 6.02　　b 9.36　　c 63.936

d 50.1　　e 1.55　　f 7.593

g 2.21　　h 9.9　　i 17.415

2 a 171.14元　　b 80.05元

3 a 54.91　　b 2.287kg

4 d 8.253秒

5 33.92米

6 10千克

7 8.61米

拓展运用

1 a-b 答案不唯一，例如：0.2 + 4.62 + 4.36 = 9.18 或 0.9 + 4.92 + 3.36 = 9.18。

2 a

器官	重量/千克
皮肤	10.886
肝脏	1.56
大脑	1.408
肺	1.09
心脏	0.315
肾脏	0.29
脾脏	0.17
胰腺	0.098

b 1.405千克

c 9.478千克

d 心脏

e 右肺：0.58千克，左肺：0.51千克

f 0.992千克

g 0.943千克

2.5 小数的乘法和除法

趣味学习

1 a 396　　b 39.6

2 a 8540　　b 85.4(0)

3 a 2982　　b 298.2

4 a 18438　　b 184.38

5 a 172　　b 17.2

6 a 171　　b 17.1

7 a 82　　b 8.2

8 a 204　　b 20.4

独立练习

1 a 44.1　　b 85.6　　c 63.0

d 91.5　　e 8.64　　f 10.36

g 8.1 (0)　　h 7.71　　i 51.8 (0)

j 864.2　　k 7.725　　l 95.13

2 a 5.3　　b 12.1　　c 12.4

d 19.5　　e 1.05　　f 2.37

g 3.19　　h 12.1　　i 14.38

j 12.47　　k 2.57　　l 0.527

3 a 174.4　　b 327.6　　c 36.95

d 128.01　　e 324.24　　f 29.824

g 722　　h 558.45　　i 40.175

4 a 4.00元　　b 7.95元

c 19.90元

5 a 1.00元　　b 1.60元

c 3.00元　　d 1.25元

拓展运用

1 84.55元

2 60厘米或0.6米

3 62.50元

4 a

物品名称	总价/元
软饮	6.75
果汁	5.04 (5.05)
薯条	16.20
巧克力	9.86 (9.85)
甜瓜	3.84 (3.85)
馅饼（每包3个）	16.08 (16.10)

b 57.77元（近似于57.80元）

c 0.64元（近似于0.65元）

d 57.77÷6≈9.63（元）（可近似到9.65元）

e 57.77×4=231.08（元）（可近似到231.10元）

2.6 小数和10的乘除

趣味学习

1 a 450 b 45
2 a 740 b 74
3 a 3750 b 375
4 a 6290 b 629
5 a 35 b 3.5
6 a 74 b 7.4
7 a 87 b 8.7
8 a 93 b 9.3
9 a 326 b 23.5
c 78.92 d 652
10 a 2.35 b 4.275
c 0.35 d 0.02

独立练习

1 a 35 b 350
2 a 67 b 670
3 a 53.8 b 538
4 a 40.9 b 409
5 a 0.45 b 0.045
6 a 0.79 b 0.079
7 a 5.45 b 0.545
8 a 6.27 b 0.627
9 a 24.5 b 1737
10 a 34.161 b 0.001
11 a 1300 b 2600 c 3570
d 1270 e 15470 f 72950
g 96300 h 25400
12 a 0.432 b 0.529 c 0.841
d 0.697 e 1.485 f 3.028
g 10.436 h 99.999

13

		× 10	× 100	× 1000
a	1.7	17	170	1700
b	22.95	229.5	2295	22950
c	3.02	30.2	302	3020
d	4.42	44.2	442	4420
e	5.793	57.93	579.3	5793
f	21.578	215.78	2157.8	21578
g	33.008	330.08	3300.8	33008
h	29.005	290.05	2900.5	29005

14

		÷ 10	÷ 100	÷ 1000
a	74	7.4	0.74	0.074
b	7	0.7	0.07	0.007
c	18	1.8	0.18	0.018
d	325	32.5	3.25	0.325
e	2967	296.7	29.67	2.967
f	3682	368.2	36.82	3.682
g	14562	1456.2	145.62	14.562
h	75208	7520.8	752.08	75.208

拓展运用

1 225 × 4 ÷ 1000
2 a 312×3÷1000 =0.936
b 312×3÷100 =9.36
c 203×3÷1000 =0.609
d 4002×2÷1000 =8.004
3 2500次。注意：5次跳跃会到达1，50次跳跃到达10，500次跳跃会到达100，2500次跳跃会到达500。
4 a 600 b 750 c 1000
d 250
5 a 132.948元（近似于132.95元）
b 13294.80元
c 1329.48元（近似于1329.50元）

2.7 百分数、分数和小数

趣味学习

1 a $\frac{9}{100}$, 0.09, 9%
b $\frac{99}{100}$, 0.99, 99%
c $\frac{80}{100}$ ($\frac{8}{10}$ 或 $\frac{4}{5}$), 0.8, 80%
d $\frac{25}{100}$ ($\frac{1}{4}$), 0.25, 25%
e $\frac{50}{100}$ ($\frac{1}{2}$), 0.5, 50%
f $\frac{75}{100}$ ($\frac{3}{4}$), 0.75, 75%
2 a 涂2个方格, 0.02,2%
b 涂20个方格, $\frac{20}{100}$ ($\frac{2}{10}$ 或 $\frac{1}{5}$), 20%
c 涂35个方格, $\frac{35}{100}$($\frac{7}{20}$), 0.35
d 涂70个方格, 0.7, 70%

独立练习

1

	分数	小数	百分数
a	$\frac{15}{100}$	0.15	15%
b	$\frac{22}{100}$ (或等值分数)	0.22	22%
c	$\frac{6}{10}$ (或等值分数)	0.6	60%
d	$\frac{9}{100}$	0.09	9%
e	$\frac{9}{10}$	0.9	90%
f	$\frac{53}{100}$	0.53	53%
g	$\frac{1}{2}$ (或等值分数)	0.5	50%
h	$\frac{1}{4}$	0.25	25%
i	$\frac{4}{100}$ (或等值分数)	0.04	4%
j	$\frac{3}{4}$ (或等值分数)	0.75	75%
k	$\frac{1}{5}$	0.2	20%

2 a √ b √ c ×
d √ e × f ×
g × h √ i √
3 a 20%, $\frac{1}{4}$, 0.3 b 0.07, $\frac{6}{10}$, 69%
c $\frac{2}{100}$, 17%, 0.2 d 4%, 0.14, $\frac{1}{4}$
e 10%, $\frac{1}{5}$, 0.5 f $\frac{3}{10}$, 39%, 0.395
4 匹配的情况如下：
- 5%, 0.05, $\frac{1}{20}$
- 50%, 0.5, $\frac{1}{2}$
- 8%, 0.08 , $\frac{8}{100}$
- 80%, 0.8, $\frac{8}{10}$

5 百分数：10%, 30%, 60%, 75%, 95%
分数：$\frac{1}{10}$, $\frac{1}{4}$, $\frac{3}{4}$, $\frac{9}{10}$

6 a 5% b 22% c 44%
d 59% e 72% f 99%
7 在0.8和0.9正中间的位置上画笑脸和箭头。
8 答案接近即可：
a 大约30% b 大约40%
c 大约70% d 大约90%

拓展运用

1 世界上有2%的牛在澳大利亚。
2 澳大利亚有$\frac{4}{5}$的哺乳动物物种未在世界上的其他地方发现。
3 2009年维多利亚州的人口大约是550万人。
4 羊数量排名前十的国家中，澳大利亚的羊占了15%。
5 沙漠覆盖了澳大利亚面积的 $\frac{1}{5}$。
6 圈出约13%。

第3单元 比

3.1 比

趣味学习

1 a 8∶4 b 3∶6 c 9∶3
2 a 2∶1 b 1∶2 c 3∶1
d 1∶4 e 2∶1 f 5∶1
g 1∶3

独立练习

1 a 9颗紫色 b 15颗紫色 c 24颗紫色
2 a 6颗粉色 b 10颗粉色 c 20颗粉色
3 a 1∶3∶5 b 1∶3∶2 c 2∶3∶1
4 涂12个蓝色方块、4个黄色方块和8个绿色方块。
5 a 检查孩子使用的语言是否精准，比如，“每1颗黄色珠子对应3颗红色珠子和4颗蓝色珠子。”
b 1∶3∶4
6 a-b 答案不唯一，自己做一做。
7

面粉	牛奶	鸡蛋	煎饼的数量
120g	250mL	1个	8个
240g	500mL	2个	16个
480g	1000mL或1L	4个	32个
720g	1.5L	6个	48个
60g	125mL	$\frac{1}{2}$个	4个

8 a 3:8:1:2
b 佐伊有6 只绵羊、16 只山羊和2匹马。

拓展运用

1 a $\frac{3}{4}$ b 75% c 0.75
2 a 2个橘子, 8个苹果
b 5个橘子, 20个苹果
c 10个橘子, 40个苹果
d 7个橘子, 28个苹果
3 a 27个橘子, 18个苹果
b 24个橘子, 32个苹果

c 8个橘子，24个苹果

d 27个橘子，45个苹果

第4单元　规律和代数

4.1 几何与数的规律

趣味学习

1 a 5，$4 \times 5 = 20$　　b 4，$6 \times 4 = 24$

2

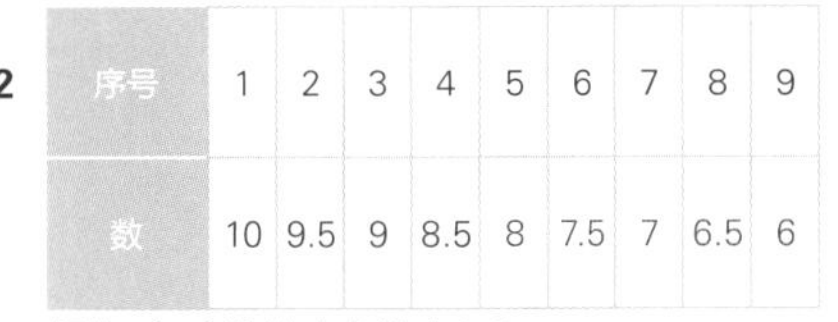

序号	1	2	3	4	5	6	7	8	9
数	10	9.5	9	8.5	8	7.5	7	6.5	6

规律：每个数比上个数少0.5。

3 a 是（因为24能被4整除。）

b 是（因为16能被4整除。）

c 否（因为42不能被4整除。）

4 答案不唯一，言之有理即可。

独立练习

1 答案不唯一，例如：在第一个正方形之后，每次添加3根木棒就能得到下一个正方形。

2

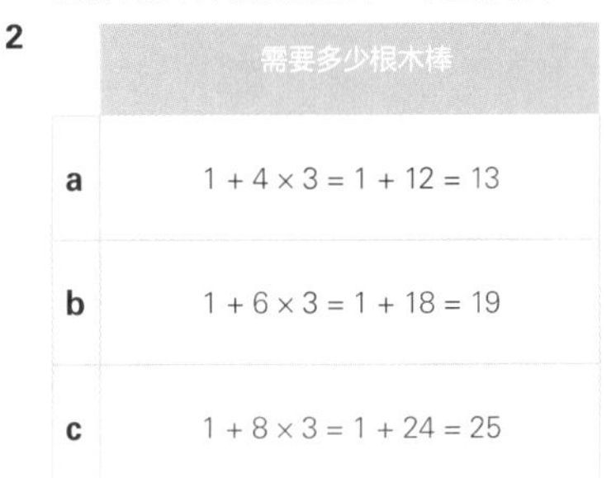

	需要多少根木棒
a	$1 + 4 \times 3 = 1 + 12 = 13$
b	$1 + 6 \times 3 = 1 + 18 = 19$
c	$1 + 8 \times 3 = 1 + 24 = 25$

3 √，√

4 答案不唯一，例如：

a 每个三角形用3根木棒。

b 从1根木棒开始，每新增2根木棒围成一个三角形，或者第一个三角形用了3根木棒，每次添加2根木棒就得到下一个三角形。

c 每个六边形用6根木棒。

d 从1根木棒开始，每新增5根木棒围成一个六边形，或者第一个六边形用了6根木棒，每次添加5根木棒就得到下一个六边形。

5

序号	1	2	3	4	5	6	7	8	9	10
数	2	5	8	11	14	17	20	23	26	29

6

序号	1	2	3	4	5	6	7	8	9	10
数	1	4	9	16	25	36	49	64	81	100

规律：答案不唯一。例如，求序号的平方得到这个数，或者用序号自身乘自身得到这个数。

7 a 114……2

b 137

c 86……1

8 流程图如下图所示：

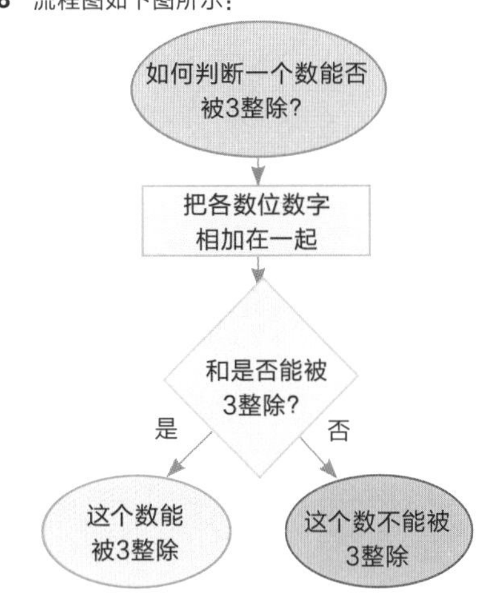

拓展运用

1 a 32人　　b 40人

c 80人　　d 200人

2 a 10人

b 检查答案，例如：$n=2+t\times2$或$n=t\times2+2$（因为除了两头的桌子以外，每个长方形只有两条边能够使用）。其他 正确答案亦可。

c 18人　22人　42人　102人

3 a 7人　　b 9人

c 12人　　d 22人

4 a 检查公式，例如：$n=t+2$或$n=2+t$（因为除了两头的桌子以外，每个三角形只有一条边能够使用）。

b 22张

4.2 运算法则

趣味学习

1 17

2 a 7　b 10　c 21　d 6　e 4　f 8

g 14　h 10

3 a 12　b 12　c 6　d $4\frac{1}{2}$　e 21　f 29

g 12　h 36

4 a 15　b 10　c 8　d 2　e 100　f 18

g 20　h 30

独立练习

1 a 2　b 5　c 3　d 20　e 3

2

	算式		拆分乘数		算一算		答案
a	23×4	=	$(20 \times 4) + (3 \times 4)$	=	$80 + 12$	=	92
b	19×7	=	$(10 \times 7) + (9 \times 7)$	=	$70 + 63$	=	133
c	48×5	=	$(40 \times 5) + (8 \times 5)$	=	$200 + 40$	=	240
d	37×6	=	$(30 \times 6) + (7 \times 6)$	=	$180 + 42$	=	222
e	29×5	=	$(20 \times 5) + (9 \times 5)$	=	$100 + 45$	=	145
f	43×7	=	$(40 \times 7) + (3 \times 7)$	=	$280 + 21$	=	301
g	54×9	=	$(50 \times 9) + (4 \times 9)$	=	$450 + 36$	=	486

3

	算式		改变运算顺序		算一算		答案
a	$20 \times 13 \times 5$	=	$20 \times 5 \times 13$	=	100×13	=	1300
b	$25 \times 14 \times 4$	=	$25 \times 4 \times 14$	=	100×14	=	1400
c	$5 \times 19 \times 2$	=	$5 \times 2 \times 19$	=	10×19	=	190
d	$25 \times 7 \times 4$	=	$25 \times 4 \times 7$	=	100×7	=	700
e	$60 \times 12 \times 5$	=	$60 \times 5 \times 12$	=	300×12	=	3600
f	$5 \times 18 \times 2$	=	$5 \times 2 \times 18$	=	10×18	=	180
g	$25 \times 7 \times 8$	=	$25 \times 8 \times 7$	=	200×7	=	1400

4

	算式	反求	◊的大小	用等式验算
a	◊ × 6 = 54	◊ = 54 ÷ 6	9	9 × 6 = 54
b	◊ + 1.5 = 6	◊ = 6 − 1.5	4.5	4.5 + 1.5 = 6
c	◊ × $\frac{1}{4}$ = 10	◊ = 10 × 4	40	40 × $\frac{1}{4}$ = 10
d	◊ × 10 = 45	◊ = 45 ÷ 10	4.5	4.5 × 10 = 45
e	◊ ÷ 10 = 3.5	◊ = 3.5 × 10	35	35 ÷ 10 = 3.5
f	◊ ÷ 4 = 1.5	◊ = 1.5 × 4	6	6 ÷ 4 = 1.5
g	◊ × 100 = 725	◊ = 725 ÷ 100	7.25	7.25 × 100 = 725

5

	算式	可替换◊的数				验算
a	◊ × 3 + 5 = 32	8	9	10	11	9 × 3 + 5 = 32
b	54 ÷ ◊ − 5 = 1	9	10	11	12	54 ÷ 9 − 5 = 1
c	2 × ◊ + 5 = 15	2	3	4	5	2 × 5 + 5 = 15
d	15 ÷ ◊ − 1.5 = 0	5	10	15	20	15 ÷ 10 − 1.5 = 0
e	24 × 10 − ◊ = 228	12	14	16	18	24 × 10 − 12 = 228
f	◊ ÷ 2 = 4^2 + 3	35	36	37	38	38 ÷ 2 = 16 + 3= 19
g	(5 + ◊) × 10 = 25× 3	1.5	2	2.5	3	(5 + 2.5) × 10 = 25× 3=75

拓展运用

1 a ◊ × 3 − 4 = 11, ◊ × 3 = 11 + 4 = 15, ◊ = 15 ÷ 3= 5

b ◊ × 10 − 15 = 19, ◊ × 10 = 19 + 15= 34, ◊ = 34 ÷ 10= 3.4

2 a 16

b 普通计算器给出的答案是46。

c 普通计算器给出的答案是12。

d 检查答案，例如：(10 + 2) × 4 − 2 = 46, 10 + 2 × (4 − 2) = 14, (10 + 2) × (4 − 2) = 24。

3 答案不唯一。例如：4 − 4 + 4 − 4 = 0; 4 ÷ 4 − 4+ 4 = 1; 4 ÷ 4 + 4 ÷ 4 = 2; (4 + 4 + 4) ÷ 4 = 3; (4 − 4) × 4 + 4 = 4; (4 × 4 + 4) ÷ 4 = 5; (4 + 4) ÷ 4 + 4 = 6; 4 + 4 − 4 ÷ 4 = 7; 4 − 4 + 4 + 4 = 8; 4 ÷ 4 + 4 + 4 = 9。

第5单元 测量单位

5.1 长 度

趣味学习

1

a	4千米	4000米
b	7千米	7000米
c	19千米	19000米
d	6千米	6000米
e	7.5千米	7500米
f	3.5千米	3500米
g	4.25千米	4250米
h	9.75千米	9750米

2

a	1米	100厘米
b	4米	400厘米
c	5.5米	550厘米
d	2.5米	250厘米
e	7.1米	710厘米
f	8.2米	820厘米
g	1.56米	156厘米
h	0.75米	75厘米

3

a	5厘米	50毫米
b	42厘米	420毫米
c	9厘米	90毫米
d	3.2厘米	32毫米
e	7.5厘米	75毫米
f	12.5厘米	125毫米
g	12.4厘米	124毫米
h	9.9厘米	99毫米

4 答案不唯一，合理即可。

a cm或 mm　　b cm

c mm　　d m

e m或 cm　　f km

独立练习

1 答案不唯一，可以问下孩子如何验证答案。

		第1种	第2种
a	铅笔的长度	157mm	15.7cm
b	六年级学生的身高	1.57m	157cm
c	指甲的长度	15mm	1.5cm
d	摩天大楼的高度	157m	0.157km
e	自行车的骑行距离	1570m	1.57km

2

a	45毫米	4厘米5毫米	4.5厘米
b	75毫米	7厘米5毫米	7.5厘米
c	82毫米	8厘米2毫米	8.2厘米
d	69毫米	6厘米9毫米	6.9厘米

3 a-e 检查孩子能否正确将长度单位进行相互转化。

4 a 检查估测的结果，并且确认估测的结果使用了正确的单位，以及和线段*B*的长度相比，估测的结果合理。

b 6.8cm; 9.2cm

5 a 检查根据给出的线段*B*的长度，估测的结果是否合理。

b 所有线段的长都是6厘米。

6 允许一定的误差。

a 10cm　　b 11.6cm

c 9.2cm　　d 6.3cm

7 答案不唯一，合理即可。

拓展运用

1

名字	身长	排名(从长到短)
霸王龙	12.8米	2
禽龙	6800毫米	3
小盗龙	0.83米	6
平头龙	290厘米	5
跳龙	590毫米	7
普尔塔龙	3700厘米	1
长脚龙	3500毫米	4
小厚头龙	50厘米	8

2 答案不唯一。

3 普尔塔龙。

4 答案不唯一，例如：大约相当于26个六年级学生身高(37÷1.4≈26.43)。

5 检查孩子能否合理估计自己身高，并准确计算自己身高与小盗龙身长之差。

6 检查图形。

5.2 面 积

趣味学习

1 8

2 12

3 10

4 a 2cm²　　b 2　　c 4cm²

5 a 2cm²　　b 9cm²　　c 18cm²

独立练习

1 a 3 ,2, 6

b 5 ,3, 15

2 a 40m²　　b 63m²　　c 150m²

3 a 21m²　　b 56m²　　c 24m²

4 答案不唯一，言之有理即可。

5 a 20cm²　　b 25cm²　　c 18cm²

d 16cm²　　e 16cm²

6 5000m²

7 a 20000m²　　b 40000m²

c 50000m²

8 30cm × 21cm = 630cm²

拓展运用

1 a 20cm², 10cm²

b 18cm², 9cm²

c 21cm², 10.5 ($10\frac{1}{2}$) cm²

d 16cm², 8cm²

2 a 12 cm²

b 7.5 ($7\frac{1}{2}$) cm²

c 12.5 ($12\frac{1}{2}$) cm²

5.3 体积和容积

趣味学习

1 a 8　　b 16
c 12　　d 12

2 a 12, 3, 36
b 8, 2, 16

3 a

3kL	3000L
9kL	9000L
3.5kL	3500L
6.25kL	6250L

b

2L	2000mL
7L	7000mL
5.75L	5750mL
4.5L	4500mL

c

500cm³	500mL
225cm³	225mL
1000cm³	1L
1750cm³	1750mL或1.75L

独立练习

1 a 15个　　b 15cm³

2 确认孩子能够使用正确方法找到答案，例如：顶层的体积是6cm³，上下两层体积相同。

3 检查答案。例如：用长乘宽得到的是底面的面积，然后再乘高就得到了整个立体图形的体积。公式为$V=L\times W\times H$。

4 a 40　　b 18　　c 48
d 48　　e 80　　f 180

5 B, C, A, D, F, G, E

6 a 1400　　b 1500　　c 1300
d 1250　　e 750　　f 1350
检查涂的阴影是否正确。

拓展运用

1 答案不唯一，言之有理即可。

2 30米×3米×0.15米 = 13.5立方米

3 能够准确根据指示，在体积和容积之间建立联系，从而得出合理的答案。
注意：小学的设备通常不够精准，无法充分证明1mL水的体积正好是1cm³。

5.4 质　量

趣味学习

1 a

5t	5000kg
7.5t	7500kg
1.25t	1250kg
2.355t	2355kg
0.995t	995kg

b

3.5kg	3500g
4.5kg	4500g
0.85kg	850g
0.25kg	250g
3.1kg	3100g

c

5.5g	5500mg
3.75g	3750mg
1.1g	1100mg
0.355g	355mg
0.001g	1mg

2 a-d 孩子能够根据每个质量单位选择合适物体，并能验证自己的答案即可。

3

	千克（用分数表示）	千克（用小数表示）	千克和克
a	$3\frac{1}{2}$kg	3.5kg	3kg500g
b	$2\frac{1}{2}$kg	2.5kg	2kg500g
c	$3\frac{1}{4}$kg	3.25kg	3kg250g
d	$4\frac{7}{10}$kg	4.7kg	4kg700g
e	$1\frac{9}{10}$kg	1.9kg	1kg900g

独立练习

1 a 1kg700g(或与之相等的答案)
b 4kg250g(或与之相等的答案)
c 850g(或与之相等的答案)
注意：允许有±10g的误差。

2 下面是最有可能的答案：
a 秤a或c
b 秤b
c 秤a或b
d 秤b或c

3 秤有整50的刻度线，因此指针应在900和950之间。

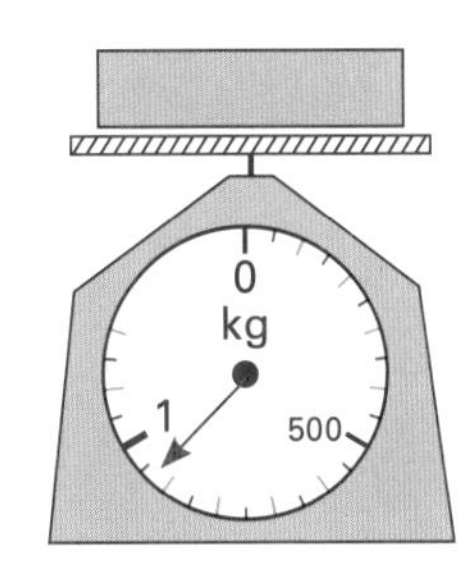

4 a B, A, C, D
b A和B (正好5t)
c C和D (5.945t)

5 能够描述记事本总质量与每张纸质量之间的关系即可，例如：称100张纸的质量，然后再除以100就得到了答案。

6 检查总质量是否等于1.85kg，并且每个物品的质量是否合理。（例如：一个物体的质量是1.844kg，其余六个物品的质量各是1g，就不合理。）

7 a 62.5kg
b 12个(12×40kg=480kg，13×40kg=520kg)

8 检查总质量是否等于1kg，并且每个水果的质量是否合理。（例如：一个水果的质量是985g，其余三个水果的质量各是5g，就不合理。）

拓展运用

1 检查答案。能够提出方法将毫升和克联系起来，并能够说出对质量的理解即可。

2 a 薯片
b 40mg
c 505mg (2×135mg+180mg+55mg)
d 2516mg−2300mg= 216mg

5.5 时刻表和时间轴

趣味学习

a 下午1:20；13:20
b 下午6:48；18:48
c 时钟显示 2:42；14:42
d 深夜11:07；23:07
e 时钟显示10:22；深夜10:22
f 上午6:27；06:27
g 时钟显示10:35；10:35
h 时钟显示11:59；深夜11:59

独立练习

1 54分钟

2 8221次列车

3 9分钟

4 8215次列车

5 因为所有列车在这一站都仅上客不下客。

6 55分钟

7

车站	时间
南十字星站台（始发站）	16: 30
富茨克雷	16: 38u
威勒比	16: 56u
小河流	17: 04
劳拉	17: 10
科里奥	17: 14
北海岸	17: 16
北吉隆	17: 20
吉隆（终点站）	17: 24

8

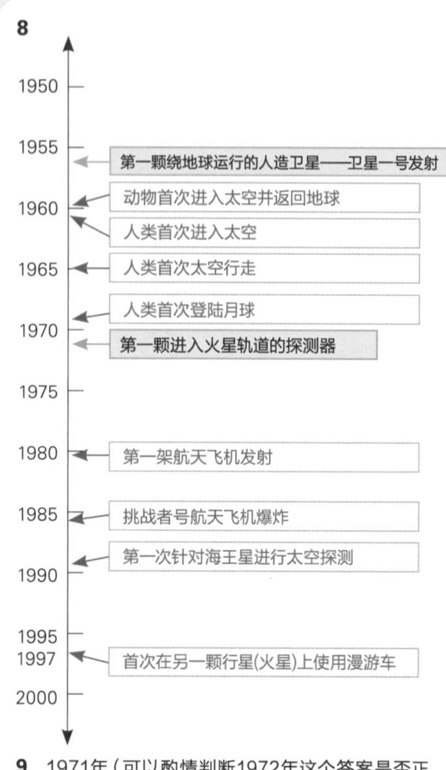

9 1971年(可以酌情判断1972年这个答案是否正确。)

拓展运用

1 a 3小时 b 2小时51分钟
c 9分钟

2 a 下午3:26 b 时钟显示3:26
c 22分钟

3

	离开大城镇时间	到达小城镇时间
公交车A	12:08	15:07
公交车B	15:33	18:32
公交车C	19:54	22:53

第6单元 图 形

6.1 平面图形

趣味学习

1 a 六边形,正六边形
b 四边形,不规则四边形
c 四边形,正方形
d 五边形,不规则五边形
e 八边形,正八边形
f 五边形,正五边形
g 三角形,不规则三角形
h 六边形,不规则六边形

2 它有五条相等的边,有些角大小相同。

独立练习

1 a 等边三角形。所有角的大小相等,所有边的长度相等。
b 等腰三角形。两个角的大小相等,两条边的长度相等。
c 不等边直角三角形。所有边都是不同的长度,一个角是直角。
d 等腰直角三角形。 两条边的长度相等,一个角是直角。
e 不等边三角形。所有边都是不同的长度,所有角都是不同的大小。

2 a 正方形。所有的角都是直角,所有边的长度都相等。
b 梯形。有一组平行边。
c 长方形。所有的角都是直角,两组对边长度相等。
d 平行四边形。有两组平行边,两组对边长度相等,对角相等。
e 菱形。所有边的长度相等,有两组平行边。

3 检查答案。下面是可以观察到的相似点、不同点的举例:

	相似点	不同点
a	两个图形都没有直边 。	圆的直径都是等长的,椭圆的直径是不等长的。
b	它们都是正多边形。	一个图形有五条边,另外一个图形有八条边。
c	它们都至少有一组平行边。	平行四边形有两组平行边,梯形只有一组平行边。
d	它们都是五边形。	一个是正五边形,另外一个不是。
e	它们都是平行四边形。	一个图形(菱形)的四边都相等,另外一个不是。
f	它们都是平行四边形。	一个图形有钝角和锐角,另一个有四个直角。
g	它们都是直角三角形	一个是非等腰三角形,另一个是等腰三角形。
h	它们都是八边形。	一个是正八边形,另一个不是。
i	它们都是规则图形,至少有4个优角。	一个图形是十边形,另一个图形是八边形。

拓展运用

1 a 圆周 b 半径
c 直径

2 a 扇形 b 四分之一圆
c 半圆

3 检查答案,符合要求即可。

4 8个

6.2 立体图形

趣味学习

a 长方体
b 四棱锥
c 三棱柱
d 圆柱
e 八棱柱
f 六棱锥
g 长方体
h 圆锥
i 三棱锥

独立练习

1 A 长方体
B 四棱锥(底面是正方形)

2 检查成果。注意:可以讨论下需要在哪些面做记号。页面可以通过复印放大,或者可以把网格复制到更大的纸张上。

3 能够理解立体图形的面和棱,并且能够在圆点纸上准确画出这些立体图形即可。

拓展运用

	名称	面的数量	顶点的数量	棱的数量	是否符合欧拉定理
b	六棱柱	8	12	18	是 (20 – 18 = 2)
c	四棱锥	5	5	8	是 (10 – 8 = 2)
d	三棱柱	5	6	9	是 (11 – 9 = 2)
e	三棱锥	4	4	6	是 (8 – 6 = 2)
f	正方体	6	8	12	是 (14 – 12 = 2)
g	五棱柱	7	10	15	是 (17 – 15 = 2)
h	八棱柱	10	16	24	是 (26 – 24 = 2)

第7单元 几何推理

7.1 角

趣味学习

1 a 80°,锐角 b 100°,钝角
c 35°,锐角 d 145°,钝角

2 检查画的是不是25°角,并自行决定误差是多少度。知道量角器画角的正确方法,并且知道读取量角器上的哪组数据。

独立练习

1 允许有±1°的误差。
a 125° b 165° c 99° d 168°

2 320°,优角。

3 a 330° b 315° c 215° d 265°

4 a 95° b 112° c 270° d 120°
e 333° f 40° g 30° h 120°
i 45° j 155°

拓展运用

1 a 60°, 180°
b 125°, 55°, 125°
c 48°, 132°,132°
d 50°

2 $\angle b = 38°$, $\angle c = 142°$,
$\angle d = 38°$, $\angle e = 38°$,
$\angle f = 142°$, $\angle g = 38°$,
$\angle h = 142°$, $\angle i = 142°$,
$\angle j = 38°$, $\angle k = 142°$,
$\angle l = 38°$, $\angle m = 38°$,
$\angle n = 142°$, $\angle o = 38°$,
$\angle p = 142°$

3 检查答案并自行决定精准度。寻找解决问题的方法比绝对精准更加重要。

第8单元　位置和变换
8.1 图形的变化

趣味学习

1 a 翻转
  b 平移
  c 旋转

2 **a-c** 检查答案。能够将每个图案继续按照要求正确转化即可。

独立练习

1 检查描述是否正确。例如：
  a 六边形水平平移。
  b 三角形旋转。
  c 六边形垂直平移。
  d 五边形垂直翻转。
  e 三角形依次水平和垂直翻转。
  f 箭头第一行水平平移。第二行在第一行的基础上水平翻转。

2 检查图案。能够用语言准确描述图形是如何转化得到图案即可。

3 检查图案。可能的描述如下：
  a 第一行的图形水平翻转。第二行是第一行的垂直翻转。
  b 第一行的图形顺时针旋转 180°（或第一行先水平翻转，再垂直翻转）。第二行是第一行的垂直平移。
  c 第一行的图形水平平移。第二行是第一行的垂直翻转。

4 检查图案。能够构造自己的图案，从而正确表达对于转化的认知即可。

拓展运用

1~2 检查图案。能够依据对于转化的认知来熟练使用数码技术去构造一个图案即可。

8.2 笛卡儿坐标系

趣味学习

1 黄色三角形

2 a (–8,–6)
  b (4,4)

3 绿色圆圈和黄色三角形

4 对

5 a 检查答案。
  b (1,–1), (2,–2), (3,–3)
  c-d 检查答案。能够理解象限并正确解释坐标即可。

独立练习

1 a (3,5)　b (–4,5)　c (–4,1)　d (3,1)

2 (–6,5) (–7,3)

3 自选起点，但是终点必须和起点相同，例如：
(–4,1) → (3,1) → (3,5) → (–4, 5) → (–4,1)

4 **a-b** 检查图纸和坐标。能够表达有序数对有什么用，并且能够用有序数对准确描述图形的点即可。

5 **a-c**

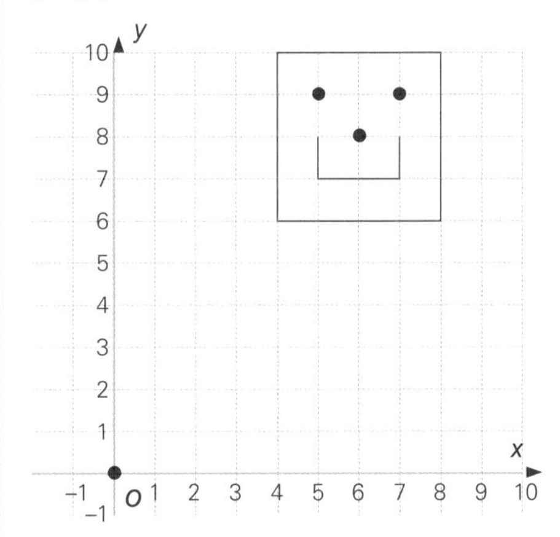

6 **a-d** 检查答案。

拓展运用

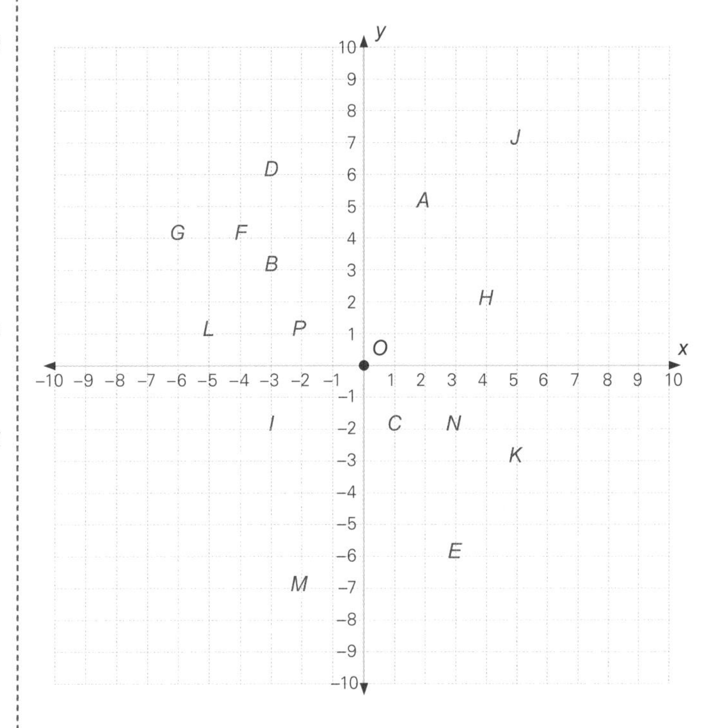

第9单元　数据的表示和分析
9.1 收集、表示和分析数据

趣味学习

1 a 42只　b 2只

2 2只

3 310.00美元到325.00美元之间都可以。

4 9张

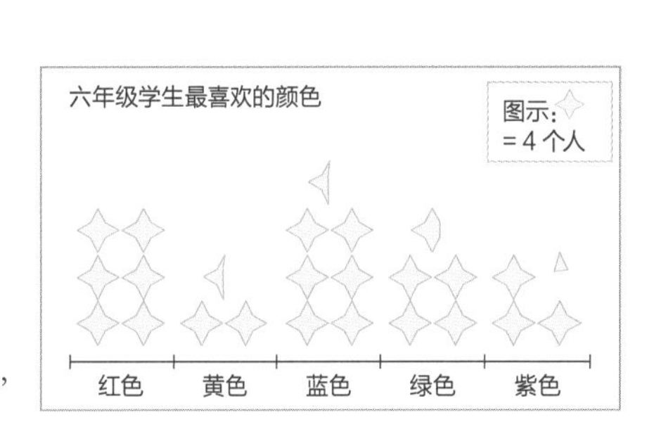

独立练习

1 a 检查统计图。
  b 27（红色和蓝色共50人，黄色和紫色共23人，50 – 23 = 27）

2 检查表格。要比第1题中的总人数多6人。

3 a 检查统计图。纵轴最适合的单位长度是3，因为最大值是32。
  b 答案不唯一。例如：条形统计图上的每个条形更容易表示数量，或者象形统计图更美观。

4 a

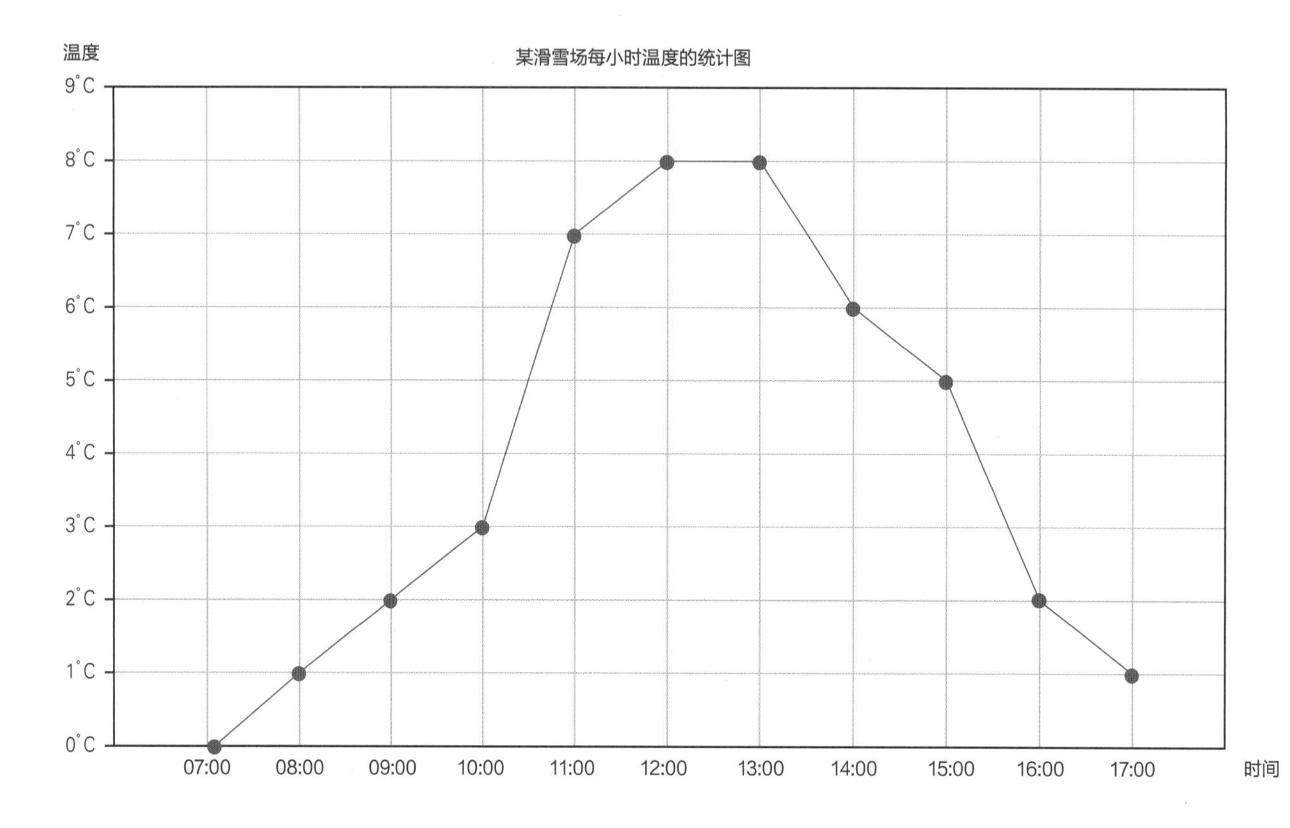

b 让孩子对信息（而不是图表外观）发表评论。例如，最低温度是在早上7时，或者温度在12时到13时维持不变。

5 a-b 检查孩子用哪种统计图表示信息，如有必要，也要确认孩子使用的单位长度是否适当。呈现信息的恰当方式有散点图、条形统计图或象形统计图。

拓展运用

1 a 安娜贝尔、杰德和伊娃
b 大约十六分之一

2 a 每个名字的人数
b 检查答案。确认两个数在600附近，并且相差14（叫伊娃的实际人数是612，叫安娜贝尔的实际人数是598，答案接近即可）。

3 检查答案。例如，相同点：统计图的一半被一个名字占据。在两个统计图上，第二受欢迎的名字与最受欢迎的名字各自所占的比例大致相同。每个统计图上都有两个名字受欢迎的程度几乎是一样的。不同点：第二受欢迎的女孩名字占比略小于第二受欢迎的男孩名字占比。

4 a 在1550和1649之间的数都可以（实际应该是1596）。
b 相差约1500个，答案接近即可。

9.2 媒体中的数据

趣味学习

1 a 二手数据　**b** 原始数据

2 可能的答案：
a 抽样调查　**b** 普查
c 抽样调查或普查（取决于学校的规模）
d 抽样调查

3 a 原始数据　**b** 抽样调查

独立练习

1 二手数据

2 a 5人($\frac{5}{8}$)　**b** 1人($\frac{1}{8}$)

3 对，因为校长写的是“大多数参加调查的学生”。

4 这可能是正确的。

5 可能是正确的。许多人可能不同意报纸的标题，但我们无法确定镇上大多数学生的想法（报纸编辑也不知道）。

6 a 约130.00美元到135.00美元
b 4个
c 大约42.00美元

7 a 抽样调查
b 给出合理解释即可。
c 180位

拓展运用

1 a 抽样调查　**b** 二手数据

2 a 任意超过50人均可
b 49%
c 言之有理即可。

3 a 让孩子了解数据收集、准确表示数据及其来源的重要性。例如：接受调查的人（所有学生）不能公平地代表公众意见。
b 了解数据收集会如何影响结果，并可以将其应用于各种情况。例如：对100名不同年龄和背景的人进行调查。
c 言之有理即可。例如：它是基于事实的，但它不一定被认为是对公众意见的客观反映。

4 a 能理解这种行为是在操控调查结果，并能给出理由即可。例如：因为它可能会影响人们给出的答案。
b 能够提出调查问题，这个问题要能够精准地收集数据。例如：你认为应该在高中附近开一家快餐店吗？

9.3 极差、众数、中位数和算术平均数

趣味学习

1 a 64%　**b** 75
2 a 35%　**b** 76
3 a 44%　**b** 16
4 a 30%　**b** 15

独立练习

1

第几星期	排序/℃	极差/℃	众数/℃	中位数/℃	平均温度/℃
1	2, 3, 6, 7, 7, 8, 9	7	7	7	6
2	1, 2, 3, 6, 7, 7, 9	8	7	6	5
3	6, 7, 8, 8, 8, 9, 10	4	8	8	8
4	2, 3, 7, 8, 9, 10, 10	8	10	8	7

2

排序	极差	中位数
2, 4, 6, 8, 10	8	6
4, 6, 12, 14, 17, 25	21	13
2, 2, 5, 6, 8, 12, 21	19	6
2, 3, 3, 8, 15, 16, 23, 82	80	11.5或$11\frac{1}{2}$

3

众数	算术平均数
无	6
无	13
2	8
3	19

4 a 孩子在得到答案之前分享他们的想法，说出用哪种方法估测比较容易。

b

	悉尼	伦敦
众数	8小时	6小时
算术平均数	88 ÷ 12 ≈7.33 大约是7小时	50 ÷ 12 ≈4.17 大约是4小时

c 答案会不一样。讨论可以围绕不计算就能准确估计算术平均数有多难而展开。

d 悉尼

e 相差3小时。

f 相差约1小时或40分钟。

拓展运用

1 a 山姆有一定道理，因为 10 比其他分数出现的次数更多，但他不完全正确。

b 答案不唯一，例如：因为超过一半的分数低于10，其中两个分数非常低。

c 7分

d 6分

2 a 19

b 19

c 19

d 17.5

e 讨论为什么算术平均数不能反映山姆的能力。得1分（满分是20分）可能有多种原因，可能是缺乏努力，也可能是身体不舒服。在解释现实世界中的数据时，通常会忽略异常值，以便对数据进行更真实的解释。

3 答案不唯一。让孩子计算出从203（7×29）中减去四个温度的总和（108）。得到的95需要在剩余的三天之间适当分配。例如，这三天可以是31℃、32℃和32℃，不可能是93℃、1℃和1℃。

第10单元　可能性
10.1概　率

趣味学习

1 答案不唯一，可能的答案如下：

a 一半概率　b 极有可能

c 不可能　d 可能

e 一定　f 极不可能

g 不太可能

2 $\frac{1}{10}$

3 50%

4 0.3

独立练习

1 15%

2 a $\frac{2}{10}$(或$\frac{1}{5}$)　b 40%　c 0.1

3 转盘上的指针不落在绿色区域的概率是十分之八。答案是$\frac{8}{10}$、$\frac{4}{5}$、0.8或80%中的任意一个都可以。

4 a-e 对概率的描述和概率的应用理解正确即可，并且要求孩子能够证明自己的答案。

5 各区域按照下列方式涂色：

- 黄色：2个区域
- 蓝色：3个区域
- 绿色：2个区域
- 红色：1个区域
- 白色：2个区域

6 a 0.8　b $\frac{7}{10}$　c 0.07

d $\frac{4}{10}$　e $\frac{3}{4}$　f 8%

7 $\frac{4}{10}$

8 2颗珠子应该是红色，4颗珠子应该是黄色，6颗珠子应该是蓝色。

9 A：25颗蓝色，75颗黄色

B：60颗蓝色，40颗黄色

C：90颗蓝色，10颗黄色

D：50颗蓝色，50颗黄色

拓展运用

1 a $\frac{1}{37}$　b 37个

c 答案不唯一，例如：因为泉恩只会把37个筹码中的36个筹码返还回去。

d 1000个

2 a 答案不唯一，例如：$\frac{18}{37}$近似于$\frac{18}{36}$，$\frac{18}{36}=\frac{1}{2}$。

b 19人

c 答案不唯一，例如：因为一共押了37个筹码，但是泉恩只返还了36个筹码。能够正确计算落在黑色区域的概率，并且能够根据这个得到正确答案即可。

d 10000个

10.2 随机实验并分析结果

趣味学习

1 a $\frac{5}{6}$

b 对概率理解正确即可。虽然无法投掷出6的可能性极大，但仍有可能投掷出6，例如：每个数字出现的概率都是等可能性的，因此 6出现的可能性与其他数字一样。

2 a-c 答案不唯一。这可能是一个有趣的讨论点。能够用概率语言解释为什么不同人会得到不同答案即可。

3 a-c 每个数字出现的概率是$\frac{1}{6}$。鉴于掷骰子的次数相对较少，发生这种情况的可能性不是很大。这可以是一个有趣的讨论点，讨论在掷骰子360次或3600 次之后可能会发生什么情况。

独立练习

1 a 2

b 一种

2

两个骰子的点数和	投掷出的情况	共有几种方法
10	6 + 4, 4 + 6, 5 + 5	3
9	6 + 3, 3 + 6, 5 + 4, 4 + 5	4
8	6 + 2, 2 + 6, 5 + 3, 3 + 5, 4 + 4	5
7	6 + 1, 1 + 6, 5 + 2, 2 + 5, 4 + 3,3 + 4	6
6	5 + 1, 1 + 5, 4 + 2, 2 + 4, 3 + 3	5
5	4 + 1, 1 + 4, 3 + 2, 2 + 3	4
4	3 + 1, 1 + 3, 2 + 2	3
3	2 + 1, 1 + 2	2
2	1 + 1	1

3 7

4 和下列分数大小相等的也是正确答案：

a $\frac{2}{36}$　b $\frac{3}{36}$　c $\frac{4}{36}$

d $\frac{5}{36}$　e $\frac{6}{36}$　f $\frac{5}{36}$

g $\frac{4}{36}$　h $\frac{3}{36}$　i $\frac{2}{36}$

j $\frac{1}{36}$　k 0

5 每个总和可能出现的次数对应如下：

12：2　11：4　10：6　9：8

8：10　7：12　6：10　5：8

4：6　3：4　2：2

实际次数根据实验结果填写。

6 答案不唯一，可能的答案如下：

转盘1：$\frac{3}{20}$是黄色，$\frac{11}{20}$是蓝色，$\frac{6}{20}$是红色；

转盘2：$\frac{1}{12}$是黄色，$\frac{7}{12}$是蓝色，$\frac{4}{12}$是红色。

拓展运用

1 a $\frac{1}{7}$　b 一个筹码

2~4 不妨与孩子一起模拟这个博弈游戏并讨论博弈的含义，可以弄明白为什么在这个游戏中唯一能确定的事情——长期赢家是庄家。可能需要10轮以上的游戏来寻找规律。可以决定是否调整规则，以便每个玩家每次都确定选择不同的数。在这种情况下，庄家的结余肯定会每轮增加一个筹码。但是，例如：如果7名玩家中的每一个都下注同一个数，而转盘指针指向这个数，那么庄家显然会输。然而，从长远来看，博弈的概率将保证唯一的赢家是庄家。